青少年 **科普知识** 读本

打开知识的大门，进入这多姿多彩的殿堂

U0670104

推荐

你不知晓的
濒危动植物

金 帛◎编著

河北出版传媒集团

河北科学技术出版社

图书在版编目(CIP)数据

你不知晓的濒危动植物／金帛编著. --石家庄：
河北科学技术出版社，2013.5(2021.2 重印)
ISBN 978-7-5375-5889-1

Ⅰ.①你… Ⅱ.①金… Ⅲ.①濒危动物-青年读物②
濒危动物-少年读物③濒危植物-青年读物④濒危植物-
少年读物 Ⅳ.①Q111.7-49

中国版本图书馆 CIP 数据核字(2013)第 095498 号

你不知晓的濒危动植物
ni bu zhixiao de binwei dongzhiwu
金帛　编著

出版发行　河北出版传媒集团
　　　　　河北科学技术出版社
地　　址　石家庄市友谊北大街 330 号(邮编:050061)
印　　刷　北京一鑫印务有限责任公司
经　　销　新华书店
开　　本　710×1000　1/16
印　　张　13
字　　数　160 千字
版　　次　2013 年 6 月第 1 版
　　　　　2021 年 2 月第 3 次印刷
定　　价　32.00 元

前言

当我们拿着手机、用着电脑、上着网，享受科技带来的便利时；当我们开着汽车、住着高楼大厦，享受着舒适的生活时；当我们走进高级酒店，吃着山珍海味，享受天下口福时……可曾想过，由于我们缺乏环保意识，自然环境受到破坏，正有很多动植物从大陆上消失？可曾意识到，我们每天都被环境恶化的坏消息所包围？

还记得 2005 年，四头为找食物而游了 100 千米的北极熊，最终因饥饿而筋疲力尽，溺死在阿拉斯加北海岸的那则令人心痛的消息吗？由于地球气温不断上升，作为北极熊栖息地的极地冰川正在不断融化。甚至有科学家预言，到本世纪末，海上冰川的不断被侵蚀会导致北极熊的灭绝。而这，只不过是威胁全球濒危动植物生存的原因之一。还有更多的人类行为已经对很多动植物造成持续的冲击，一个人的所作所为，似乎不会对自然界产生什么冲击，但是，假如每个人都是这样时，对自然界的冲击将变得巨大而深远。

1

我们能否寻觅到一条科学的道路，让那些处于濒危的精灵能够更好地生存繁衍？对濒危的动植物的保护究竟又是如何进行的呢？怎样才能通过人们的努力，让一些濒危的物种，数量不断回升呢？这是一个值得深思的问题。

阅读此书，希望青少年读者通过了解书中的那些濒危的动植物，唤醒和加强保护地球、保护环境、保护动植物的意识！

前言

目录

濒危植物篇

目录

目

录

目录

Contents

濒危动物篇

目录

目录

Contents

濒危植物篇

"中国鸽子树"

　　珙桐是驰名世界的珍贵观赏树木，也是国家一级保护植物。它的花序头状，在花序下面有两枚白色的大苞片，好像一群展翅的白鸽在树上栖息，故有"中国鸽子树"之称。而且珙桐是第三纪古热带植物的残遗种，在研究种子植物系统进化方面也很有科学价值。珙桐为落叶乔木，高达 20 余米，胸高直径可达 1 米，树皮深灰色，常呈薄片状脱落，叶互生，广卵形或近圆形。

珙桐的主要产地

　　珙桐为我国特有植物，分布于陕西东南部、湖北西部和西南部、湖南西北部、贵州东北部至西北部、四川、云南东北部等地。繁殖方面可用种子繁殖和插条繁殖，但它的果核坚硬，不易透水，种子有后熟性，故在采种后必须在低温下层积。播种两年后才不整齐地发芽。苗期须搭荫棚。

中华虫草

中华虫草，又名冬虫夏草，又称为夏草冬虫，简称虫草。是中国传统的名贵中药材，它是由肉座菌目麦角菌科虫草属的冬虫夏草菌寄生于高山草甸土中的蝙蝠蛾幼虫，使幼虫僵化，在适宜条件下，夏季由僵虫头端抽生出长棒状的子座而形成（即冬虫夏草菌的子实体与僵虫菌核<幼虫尸体>构成的复合体）。它主要产于中国青海、西藏、新疆、四川、云南、甘肃、贵州等省及自治区的高寒地带和雪山草原。

真正的冬虫夏草均为野生，生长在海拔 3000～5000 米的高山草地灌木带上面的雪线附近的草坡上，对自然环境要求高。夏季，虫子卵产于地面，经过一个月左右孵化变成幼虫后钻入潮湿松软的土层。土里的一种霉菌侵袭了幼虫，在幼虫体内生长。经过一个冬天，到第二年春天来临，霉菌菌丝开始生长，到夏天时长出地面，外观像一棵小草。这样，幼虫的躯壳与霉菌菌丝共同组成了一个完整的"冬虫夏草"。菌孢把虫体作为养料，生长迅速，虫体一般为 4～5 厘米，菌孢一天之内即可长至虫体的长度，这时的虫草称为"头草"，质量最好；第二天菌孢长至虫体的两倍左右，称为"二草"，质量次之。因为僵化后会长出根须，所以被称作"冬虫夏草"。

在药理学现代研究结果中，青海冬虫夏草含有虫草酸约 7%，碳水化合物 28.9%，脂肪约 8.4%，蛋白质约 25%，脂肪中 82.2% 为不饱和脂肪酸。此外，还含有维生素 B_{12}、麦角脂醇、六碳糖醇、生物碱等。

由于野生冬虫夏草分布地区狭窄、自然寄生率低、对生活环境条件要求苛刻，所以本身资源比较有限。近年来又由于冬虫夏草主产地生态环境遭到人为

严重破坏，大量盲目不合理采挖致使资源日趋减少，产量逐年下降。

冬虫夏草的处境

考察队对西藏、青海、四川、甘肃和云南等省区的冬虫夏草主要产区进行了考察，发现冬虫夏草正被人为快速灭绝并且大部分地区冬虫夏草的产量不到25年前的10%，原分布密集区40%地块已经多年未发现生长冬虫夏草。其核心分布地带处于长江、黄河、澜沧江、雅鲁藏布江等大江源头的高寒地带。这是大量不法采挖者滥采乱挖造成的结果。

人参——"东北三宝"之首

人参属五加科，多年生草本植物。茎高40～50厘米，轮生掌状复叶。伞形花序单生茎顶，花淡黄绿色。果实扁圆如豆粒，秋天成熟时为红色。根为纺锤形肉质主根及分枝，形似小人。根含多种人参皂甙及少量挥发油。野生的人参，多生长于气温低、光照时间长、土壤肥沃的山坡地带，我国以长白山所产的人参最为著名。野生参生长缓慢，采集困难，现在我国进行人工栽培的人参已弥补了野生参的这一缺憾。

人参的药用

人参为第三纪孑遗植物，也是珍贵的中药材，以"东北三宝"之首驰名中外，在我国药用历史悠久。人参有大补元气、治疗久病虚脱之功效，并能健脾益肺、安神增智，是著名的补气强壮药。长期以来，由于过度采挖，资源枯竭，人参赖以生存的森林生态环境遭到严重破坏，因此古代的山西上党参早已绝灭，目前东北参也处于濒临绝灭的边缘。

孩 儿 参

　　孩儿参别名童参，多年生草本植物，高 10～20 厘米。块根纺锤形，淡灰黄色。茎细弱，直立，常单生。叶形多变，花期披针形，花后渐增大成卵形或宽卵形，成轮状，两面无毛，叶柄长 1～10 毫米。花二型，普通花单生茎顶或腋生，萼片 5 枚，狭披针形，长约 5 毫米，边缘膜质，背面被柔毛；花瓣 5 枚，白色，狭矩圆形，长约 6 毫米；雄蕊 10 枚；子房卵形，花柱 3 枚；闭锁花生茎下部叶腋，萼片 4 枚，无花瓣。蒴果近球形，含数粒种子；种子肾形，黑褐色，表面具乳头状突起。花期 6～7 月，果期 7～8 月。生于山坡草地、林下阴湿处。分布于我国东北、华北、西北、华中、华东以及朝鲜、日本。

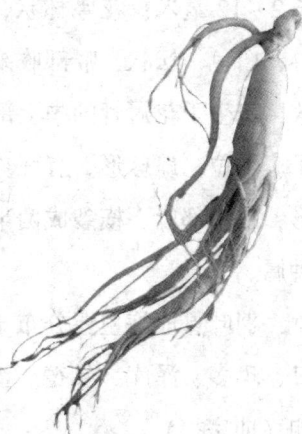

羽叶点地梅

　　羽叶点地梅，国家二级重点保护野生植物。生于高山草甸、山坡草丛中、河滩砂地或山谷阴处。海拔 2800～4500 米。一年生或二年生草本，花葶高 3～9 厘米。叶基生，沿中脉疏被长柔毛，羽状深裂，裂片线形，全缘或具不整齐的疏齿；叶柄疏被长柔毛。伞形花序着生于花葶端；苞片线形，疏被柔毛，花梗长 2～12 毫米；花萼杯状，5 裂，裂片三角形，内面被微柔毛；花冠稍短于花萼，白色，坛状，喉部收缩且具环状附属物，冠檐 5 裂，裂片长圆形；雄蕊 5 枚，着生于花冠管的中上部，与花冠裂片对生；花丝极短，花药卵形，先端钝；子房下位，扁球形，有胚珠数枚；花柱短于子房，宿存；柱头头状。蒴果近球形，在中部以下横裂成两半。种子 6～12 枚。花期 5～6 月，果期 6～8 月。单种属。

羽叶点地梅主要分布于甘肃：岷县、临泽、玛曲、夏河；青海：兴海、达日、玛多、泽库、贵德、湟源；四川：松潘、德格、石渠、若尔盖；西藏：比如（曲宗拉）。

香　樟

樟树为亚热带常绿阔叶林的代表树种，为亚热带地区（西南地区）重要的材用和特种经济树种，学名 Cinnamomum camphora，亦称"香樟"。樟科，常绿乔木。叶互生，卵形，上面光亮，下面稍灰白色，离基三出脉，脉腋有腺体。初夏开花，花小，黄绿色，圆锥花序。核果小球形，紫黑色，基部有杯状果托。广布于中国长江以南各地，以台湾最多。植株整体均有樟脑香气，可提取樟脑和樟油。木材坚硬美观，宜制家具、箱子，又为绿化树、行道树。原产中国南部各省，如台湾，另外越南、日本等亦有分布。樟树亦是浙江省杭州市、宁波市、金华市，江苏省无锡市，江西省南昌市、上饶市、景德镇市、樟树市，安徽省马鞍山市、安庆市，湖南省长沙市，湖北省鄂州市，四川省绵阳市、自贡市，贵州省贵阳市的市树。

樟树高可达50米，树龄成百上千岁，可称为参天古木，为优秀的园林绿化林木。树皮幼时绿色，平滑；老时渐变为黄褐色或灰褐色纵裂。冬芽卵圆形。叶薄革质，卵形或椭圆状卵形，长5～10厘米，宽3.5～5.5厘米，顶端短尖或近尾尖，基部圆形，离基三出脉，近叶基的第一对或第二对侧脉长而显著，背面微被白粉，脉腋有腺点。花黄绿色，春天开，圆锥花序腋出。樟树的小花非常独特，外围是不易分辨出花萼或花瓣的。花有6片，中心部位有9枚雄蕊，每3枚排成1轮。球形的小果实成熟后为黑紫色，直径约0.5厘米；花期4～5月，果期8～11月。

灰褐色的树皮有细致的深沟纵裂纹。樟树全株具有樟脑般的清香，可驱虫，而且永远不会消失。叶互生，纸质或薄革质，树干有明显的纵向龟裂，极容易辨认。据说因为樟树木材上有许多纹路，像是大有文章的意思，所以就在"章"字旁加一个木字作为树名。樟树是常绿乔木，它的常绿不是不落叶，而是春天新叶长成后，去年的老叶才开始脱落，所以一年四季都呈现绿意盎然的景象。

高山女神雪莲

人们常常用苍劲的青松和冰山上的雪莲来形容不畏强暴的坚强气质。雪莲，这种生长在高寒地带的草本植物的确有不怕冰雪的特性，它在海拔2400～4000米的岩石峭壁中，面对着皑皑白雪，仍然倔强地生长，开放出紫红色的花朵。

雪莲在高山严酷的条件下，生长缓慢，至少 4~5 年后才能开花结果。雪莲是一种高山稀有的名贵药用植物，因此，保护雪莲资源，无论在科学上或医药学上都有重要意义。

高山上的雪莲

雪莲生于我国新疆天山、昆仑山、阿尔泰山和帕米尔高原，海拔 2400~4000 米的高山上。俄罗斯、蒙古也有分布。它是菊科的多年生草本植物，通常高 15~25 厘米，叶长圆形或卵状长圆形。密集生长，长约 14 厘米，叶缘有小齿。雪莲生长的地方位于高山雪线以下，在那里，气候严寒多变，雨雪交加，冷热无常，最高月平均气温才 3~5℃，最低月平均气温为 –19~–21℃，一年的无霜期只有 50 天左右。而且，由于生长期短，它只能在气温较暖时迅速发芽、生叶、开花和结果，7 月开花，8 月果熟，生长周期很短，靠保留在地下的根状茎和种子度过寒冷的季节。它的种子很轻，顶端有毛，被风一吹像降落伞一样把种子散布到远处。

国宝银杉

银杉，是 300 万年前第四纪冰川后残留下来的植物，中国特有的世界珍稀物种，和水杉、银杏一起被誉为植物界的"国宝"，国家一级保护植物。银杉雌雄同株，雄球花通常单生于两年生枝叶腋，雌球花单生于当年生枝叶腋。球果两年成熟，呈卵圆形。

远在地质时期的新生代第三纪时，银杉曾广泛分布于北半球的亚欧大陆，在德国、波兰、法国及苏联都曾发现过它的化石。距今200万～300万年前，地球覆盖着大量冰川，几乎席卷整个欧洲和北美，但欧亚大陆的冰川势力并不大，有些地理环境独特的地区，没有受到冰川的袭击，而成为某些生物的避风港。银杉、水杉和银杏等珍稀植物就这样被保存下来，成为历史的见证者。

银杉是我国特有的珍贵树种。由于第四纪的冰川浩劫，许多植物遭到破坏，相继死亡，银杉也濒于绝迹。由于中国南部的低纬度区，地形复杂，阻挡着冰川的袭击，中国的冰川比较零星，大多是山麓冰川，加上河谷地区受到温暖湿润的夏季风影响，冰川活动被限制在局部地区，这种得天独厚的自然环境，成了一些古老植物的避难所，它们得以保存下来。

银杉是松科的常绿乔木，主干高大通直，挺拔秀丽，枝叶茂密，尤其是在其碧绿的线形叶背面有两条银白色的气孔带，每当微风吹拂，银光闪闪，更加诱人。银杉的美称便由此而来！

长 白 松

长白松是常绿乔木，高25～32米，胸径25～100厘米；下部树皮淡黄褐色至暗灰褐色，裂成不规则鳞片，中上部树皮淡褐黄色到金黄色，裂成薄鳞片状脱长白松落；冬芽卵圆形，有树脂，芽鳞红褐色；1年生枝浅褐绿色或淡黄褐色，无毛；3年生枝灰褐色。针叶2针1束，较粗硬，稍扭曲，微扁，长4～9厘米，宽1～1.2毫米，边缘有细锯齿，两面有气孔线，树脂道4～8个，边生，稀1～2个中生，基部有宿存的叶鞘。雌球花暗紫红色，幼果淡褐色，有梗，下垂。球果锥状卵圆形，长4～5厘米，直径3～4.5厘米，成熟时淡褐灰色；鳞

盾多少隆起，鳞脐突起，具短刺；种子长卵圆形或倒卵圆形，微扁，灰褐色至灰黑色，种翅有关节，长 1.5~2 厘米。

长白松又名美人松，是长白山特产树种。自然生长的长白松，主要分布于针阔混交林中，在长白山二道白河两岸的条形地带至火山锥体附近有少量分布，因而显得更加珍贵，备受人们的珍爱和保护。长白松虽说天姿国色，形态脱俗超群，但却丝毫没有"美人"那种弱不禁风的娇气，它能在火山灰形成的瘠薄土地上茁壮成长，抵抗病虫害的能力也较强。有人把它的后代迁移到吉林省西部轻度盐碱地带，开始人们还担心它适应不了那里的严酷环境，结果却出人意料，它在那里扎根落户，已顺利地度过了数个春秋。

长白松是欧洲赤松分布最东的一个地理变种，仅分布于长白山北坡，对研究松属地理分布，种的变异与演化有一定的意义。是该地区针叶树中较好的造林树种，树态美观，又适作城市绿化树。渐危种。由于未严加保护，在二道白河沿岸野生的小片纯林，逐年遭到破坏，分布区日益减少。

长白松分布区的气候温凉，湿度大，积雪时间长。年平均温度 4.4℃，1 月份平均温度 -15~-18℃，7 月份平均温度 20~22℃，极端最高温 37.5℃，极端最低温 -40℃左右；年降水量 600~1340 毫米，相对湿度 70% 以上，无霜期 90~100 天。土壤为发育在火山灰土上的山地暗棕色森林土及山地棕色针叶森林土，二氧化硅粉末含量大，腐殖质含量少，保水性能低而透水性能强，pH 为 4.7~6.2。长白松为阳性树种，根系深长，可耐一定干旱，在海拔较低的地带常组成小块纯林，在海拔 1300 米以上常与红松、红皮云杉、长白鱼鳞云杉、臭冷杉、黄花落叶松等树种组成混交林。花期 5 月下旬至 6 月上旬，球果翌年 8 月中旬成熟，结实间隔期 3~5 年。

长白松在长白山发现得比较晚，人们不知道它到底是松树里哪个家庭的成员。为了弄清它的身世，植物学家们进行了深入细致的研究，动了不少脑筋，还展开了热烈的争论。后来，经中国林业科学院院长郑万钧教授鉴定，认为它是欧洲赤松的一个变种，并且定名为"长白赤松"，至此，这场争论才宣告结束。

长白松不仅是闻名遐迩的观赏树木，而且是优良的建筑用材，材质好，易加工，耐腐蚀，不扭不裂。它又是一种很有价值的药用植物，花粉、茎干皆可入药。长白松分布地域狭窄，数量不多，现已列入国家三级保护植物，所以我们现在对它应大力保护，让它苗壮成长。

连 香 树

连香树在我国零星分布于暖温带及亚热带地区，落叶乔木，高达 20～40 米，胸径达 1 米；树皮灰色，纵裂，呈薄片剥落；小枝无毛，有长枝和距状短枝，短枝在长枝上对生；无顶芽，侧芽卵圆形，芽鳞 2 片。叶在长枝上对生，在短枝上单生，近圆形或宽卵形，长 4～7 厘米，宽 3.5～6 厘米，先端圆或锐尖，基部心形、圆形或宽楔形，边缘具圆钝锯齿，齿端具腺体，上面深绿色，下面粉绿色，具 5～7 条掌状脉；叶柄长 1～2.5 厘米。花雌雄异株，先叶开放或与叶同放，腋生；每花有 1 苞片，花萼 4 裂，膜质，无花瓣；雄花常 4 朵簇

生，近无梗，雄蕊 15～20 枚，花丝纤细，花药红色，2 室，纵裂；雌花具梗，心皮 2～6 片，分离，胚珠多数，排成 2 列。蓇葖果 2～6 枚，长 8～18 毫米，直径 2～3 毫米，微弯曲，熟时紫褐色，上部碌状，花柱宿存；种子卵圆形，顶端有长圆形透明翅。

由于结实率低，幼苗易受暴雨、病虫等危害，故天然更新极困难，林下幼树极少。加之近年来乱砍、乱伐，环境遭到严重破坏，致使连香树分布区逐渐缩小，日益萎缩，成片植株更为罕见。如不及时保护，连香树资源要陷入灭绝的境地。目前已有不少植物园引种栽培连香树。

连香树星散分布于皖、浙、赣、鄂、川、陕、甘、豫及晋东南地区，数量不多。不耐阴，喜湿，多生于海拔 400～2700 米的向阳山谷、沟旁低湿地或杂木林中。中性、酸性土壤中都能生长。分布区气候冬寒夏凉，多数地区雨水较多，湿度大。年平均气温 10～20℃，年降水量 50～2000 毫米，平均相对湿度 80%。冬芽 3 月初萌动，10 月中旬后叶开始变色，11 月中旬落叶。花期 4～5 月，果熟期 9～10 月。

崖　柏

我国特有的"国宝"植物崖柏已被宣布消失了 100 多年，崖柏生长了 700～2100 米的山上，是世界"活化石"物种之一，生长速度极慢，一年才长 0.01 毫米，是稀有植物。1892 年法国传教士在重庆市首次采集到崖柏标本。此后 100 多年，尽管人们多次找寻，不仅没发现活的植株，就连标本和文字也再没有新的纪录。1998 年，作为中国特有植物之一，崖柏被世界自然保护联盟列入世界受威胁植物纪录，被宣告灭绝。1999 年，崖柏在中国又被零星发现。崖柏属于柏科，崖柏属，原产北美和东亚，可供观赏及生产用材和树脂。与罗汉柏近缘。崖柏为乔木或灌木，常成金字塔状，具薄的鳞片状外树皮和纤维状内树皮，水平或上升分枝，形成特有的扁平、浪花状小枝系，每小枝有4行细小的鳞片状叶。幼叶较长呈针状，在某些种可与成熟叶并存。雌雄同株异枝，球花生于枝端，雄球花圆形，淡红或淡黄色；雌球花很小，绿色或带紫色。成熟球果单生，卵形或长圆形，长8～16厘米，有4～6对（或3对，多至10对）薄而易弯的鳞片，顶端成厚脊或突起。崖柏属于阳性树，稍耐阴，耐瘠薄干燥土壤，忌积水，喜空气湿润和钙质土壤，不耐酸性土和盐土；要求气温适中，超过32℃生长停滞，在-10℃低温下持续10天即受冻害。

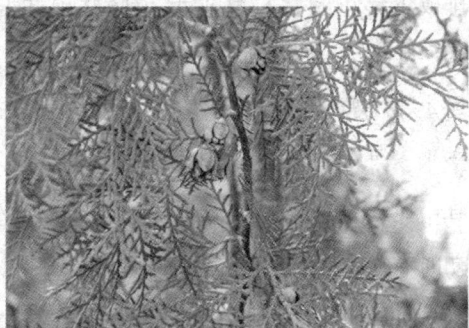

蒜 头 果

　　蒜头果属常绿乔木，高达20米，胸径可达40厘米；树皮浅黄色或灰褐色，稍纵裂，小枝棕褐色至暗褐色，有不明显纵纹，具长圆形或圆形皮孔；芽裸露，初时有灰棕色绒毛，后渐脱落。叶互生，薄革质或厚纸质，长椭圆形、长圆形或长圆状披针形，长7～15厘米，宽2.5～6厘米，先端急尖、短渐尖至渐尖，基部圆形或楔形，有时两侧稍不对称，边缘略背卷，叶两面初时有微柔毛，后脱落；中脉在上面凹下，背面突起，侧脉每边3～5条，在上面稍明显，背面明显，网脉不明显；叶柄半圆筒形，长1～2厘米，基部具关节。花10～15朵，

排成伞形花序状、复伞形花序状或短总状花序状的蝎尾状聚伞花序，花序长2～3厘米，花梗细，长0.5～0.7厘米，总花梗长1～2.5厘米；花萼筒小，上端具4～5裂齿，裂齿三角状卵形，长约1毫米；花瓣4～5枚，宽卵形，长约3毫米，外面有微毛，内面下部有棉毛，先端尖，内曲；雄蕊2轮，8～10枚，其中4枚与花瓣对生，另4枚与花瓣互生；子房上位，长圆锥形，长约1毫米，初时有微柔毛，花柱单一，顶端微二裂。核果扁球形或近梨形，直径3～4.5厘米；种子1枚，球形或扁球形，直径约1.8厘米。花期4～9月，果期5～10月。

蒜头果一般生长在石灰岩石山或土山。分布区地跨北热带和南亚热带。在低平地带冬暖夏热，年平均气温20.9～22.1℃，1月平均气温12～14℃，7月平均气温27.2～28.1℃，极端最低气温-1～-3℃；在山原上（如云南广南）年平均温16.4℃，1月平均气温8.3℃，每年都出现零下低温，极值低达-5.2℃，年降水量840～1686毫米，干湿季交替鲜明。为中性、浅根性树种，幼树期喜阴，随着树龄增大而逐渐喜光。多生于石灰岩石山的下坡，喜肥沃较湿润的中性至微碱性石灰岩土。主要伴生树种，在北部有黄连木、青冈；在南部有蚬木、岩樟等。

蒜头果为单种属植物，形态解剖特征既有原始性状，又有较进化特征，对于研究铁青树科的分类系统有一定意义。种仁油脂可作为合成麝香酮（muscone）的理想原料。为桂西和滇东南石山绿化树种。

目前，龙州已建立自然保护区，应加强保护，其他产区也应保护母树，严禁乱砍滥伐。有些林场，宜将蒜头果列为造林树种，积极采种育苗，推广种植。

冷　杉

冷杉是松科的一属，常绿乔木，树干端直，枝条轮生；小枝对生，基部有宿存的芽鳞，叶脱落后枝上留有近圆形的叶痕；冬芽常具树脂，枝顶芽三个排成一平面。叶、芽鳞、雄蕊、苞鳞、珠鳞和种鳞均螺旋状排列。叶辐射伸展或基部扭转排成彼此重叠的两列，或小枝下面的叶成两列，上面的叶斜展，直伸或向后反曲，叶线形，扁平，先端尖、钝、凹缺或二裂，叶柄极短，柄端微膨大呈吸盘状；叶内具2个（稀4～12个）树脂道，位于维管束鞘两侧（中生），或靠近下面两端的皮下层细胞（边生）。雌雄同株，球花单生于去年生枝的叶腋，雄球花穗状圆柱形，雄蕊多数，花药2枚，药室横裂，花粉有气囊；雌球花直立，短圆柱形，苞鳞大于珠鳞，珠鳞的腹面基部有2枚倒生胚珠。球果当年成熟，直立，椭圆状圆柱形或短圆柱形，生于高海拔处的常呈黑色、紫黑色或蓝黑色，生于海拔较低和低纬度地区的初为绿色，成熟后变为黄褐色、褐色或红褐色；种鳞木质，排列紧密，常为扇状四边形或肾形；苞鳞较种鳞短，或长于种鳞而明显外露；种子具宽大的膜质种翅，种皮有树脂囊，种翅稍短于种鳞，下端边缘包卷种子。球果成熟干燥后，种鳞与种子一同从宿存的中轴上脱落。

在遂川县靠近湘赣边界的戴家埔乡南面一片海拔1850米的山区次原始森林中，发现了非常珍稀的国家一级重点保护野生植物"资源冷杉"群落。资源冷杉因在广西资源县发现而得名，在全国的分布区域很小，是一种稀有的植物。此次在一块面积约为15亩的森林里，一共发现了12株资源冷杉，有3株的胸径超过了30厘米，其中最大的1株胸径达48厘米，高约10米，树冠幅直径达

8米。该物种对植物的演变以及古地理、古生态和第四纪冰川气候的研究，都有着十分重要的价值。

百山祖冷杉

百山祖冷杉属常绿乔木，具平展、轮生的枝条，高17米，胸径达80厘米；树皮灰黄色，不规则块状开裂；小枝对生，1年生枝淡黄色或灰黄色，无毛或凹槽中有疏毛；冬芽卵圆形，有树脂，芽鳞淡黄褐色，宿存。叶螺旋状排列，在小枝上面辐射伸展或不规则两列，中央的叶较短，小枝下面的叶梳状，线形，长1~4.2厘米，宽2.5~3.5毫米，先端有凹下，下面有两条白色气孔带，树脂道2条，边生或近边生。雌雄同株，球花单生于去年生枝叶腋；雄球花下垂；雌球花直立，有多数螺旋状排列的球鳞与苞鳞，苞鳞大，每一珠鳞的腹面基部有2枚胚珠。球果直立，圆柱形，有短梗，长7~12厘米，直径3.5~4厘米，成熟时淡褐色或淡褐黄色；种鳞扇状四边形，长1.8~2.5厘米，宽2.5~3厘米；苞鳞窄，长1.6~2.3厘米，中部收缩，上部圆，宽7~8毫米，先端露出，反曲，具突起的短刺状；成熟后种鳞、苞鳞从宿存的中轴上脱落；种子倒三角形，长约1厘米，具宽阔的膜质种翅，种翅倒三角形，长1.6~2.2厘米，宽9~12毫米。

百山祖冷杉为现状濒危物种。近年来百山祖冷杉系在我国东部及中亚热带首次发现的冷杉属植物。由于当地群众有烧垦的习惯，自然植被多被烧毁，分布范围狭窄。加上本种开花结实的周期长，天然更新能力弱。目前自然分布的仅存5株，其中1株衰弱，1株生长不良。

百山祖冷杉，属松科常绿乔木，濒危种，国家一级保护植物，中国特有种。百山祖冷杉是我国特有的古老残遗植物，也是我国东南沿海唯一残存至今的冷杉属植物。1987年，国际物种生存保护委员会将百山祖冷杉公布为世界上最受严重威胁的12个濒危物种之一。

油　柴

　　油柴（又称四合木、四翅），蒺藜科，落叶小灌木，是中国特有的孑遗单种属植物，草原化荒漠的群种之一，为强旱生植物。它是最具代表性的古老残遗濒危珍稀植物，被誉为植物里的"活化石"和植物中的"大熊猫"。是国家一级保护植物、内蒙古一级保护植物。一般高30～50厘米，多分枝，叶子圆润、绿色欲滴，根节上生有白色的毛根，有光泽或柔毛，叶片毛茸茸、圆乎乎，像它这样"熊猫般可爱"的长相在荒原上可算得上是植物中的"美人"了。1～2年生枝灰黄色或黄褐色，密被白色丁字毛。偶数羽状复叶，在长枝上对生，在短枝上簇生；小叶，无柄，着生在极短的叶轴上，肉质，倒披针形或卵状披针形，两面具毛，长3～8毫米，先端具突尖，基部楔形，全缘；托叶膜质。花两性，单生叶腋或1～2朵生于短枝上；萼片4枚，长圆形，长约3毫米，被丁字毛，宿存；花瓣4枚，白色或淡黄白色，倒卵形，长约4毫米，基部具爪；雄蕊8枚，2轮排列，外轮4枚较短，内轮4枚较长，花丝基部有膜质附属物；具花盘；心皮4片，子房4深裂，被毛，花柱单一，丝状，着生于4深裂子房的基部。蒴果4深裂，每裂瓣微弯曲，长5～7毫米，宽2～3毫米，内具1粒种子，熟时黄色；种子无胚乳。

　　其分布范围非常狭窄，在世界范围内零星散见于俄罗斯、乌克兰部分地区，

它的分布区甚小，由中国内蒙古杭锦旗西部至乌海市黄河两岸到宁夏石嘴山一带，以及贺兰山北部低山。为该区特有种。

油柴为一种较低矮、强烈分枝的小灌木。木质坚硬而脆，生长21年的枝条其半径只有4.4毫米。因它很耐烧，故而称为"油柴"。叶为肉质，丰富，同枝条一起构成较紧密的株丛。4月萌发，6月开花，7~8月结果，9月种子成熟，9月末果落，叶始变黄。从它的极狭小的分布区看，区内温度条件均高于其周围地区，分布区内≥10℃活动积温均在3000℃以上，接近于暖温型气候，而分布区周围则是中温气候。说明四合木在其进化过程中，除适应了冬季的严寒外，又保留了它的古地中海南岸热带成分遗种的趋温特性。它常生长于多石和多碎石的漠钙土上，生境的土壤干燥、瘠薄，据一个土样分析，0~24厘米土层中有机质含量只有0.34%左右。四合木是中国阿拉善草原化荒漠植被的建群种之一，也作为优势种或伴生种出现。

胡 杨

胡杨又称胡桐、异叶杨。杨柳科杨属中的一种。胡杨是第三纪残余的古老树种，在6000多万年前就在地球上生存。在古地中海沿岸地区陆续出现，成为山地河谷小叶林的重要组成部分。在第四纪早、中期，胡杨逐渐演变成荒漠河岸林最主要的树种。据统计，世界上的胡杨绝大部分生长在中国，而中国90%以上的胡杨又生长在新疆的塔里木河流域。目前世界最古老、面积最大、保存最完整、最原始的胡杨林保护区则在轮台县境内。

珍贵的胡杨林

胡杨属杨柳科落叶乔木。高 8～30 米，树皮龟裂，嫩枝有毛。叶变异大，幼树或萌条上，窄长如柳叶，10～15 厘米，多全缘；在老树枝上，呈广卵形、菱形或心形，长 6～10 厘米，叶缘有粗齿。4 月开花，雄花序长 1.5～2.5 厘米，雄蕊23～27个；雌花序长 3～5 厘米，柱头 6 裂，紫红色；果穗长 6～10 厘米。蒴果长椭圆形，长 1.5 厘米，2 瓣裂，有短柄。胡杨耐旱，耐高温，也较耐寒；能从根部萌生幼苗，能忍受荒漠中干旱由环境，对盐碱有极强的忍耐力。胡杨的根可以扎到地下 10 米深处吸收水分，其细胞还有特殊的功能，不受碱水的伤害。胡杨是荒漠地区特有的珍贵森林资源。它对于稳定荒漠河流地带的生态平衡、防风固沙、调节绿洲气候和形成肥沃的森林土壤，具有十分重要的作用，是荒漠地区农牧业发展的天然屏障。胡杨对改造沙漠、防止风沙侵蚀以及改良小气候均有重要作用。被列为国家重点三级保护植物。

胡杨的药用价值

胡杨多生于水源附近和地下水位较高的荒漠。为西北河流两岸或靠近水源地的重要绿化造林树种。胡杨以树脂"胡桐泪"入药。在春天用刀将树皮割开，接取汁液，或在树皮裂开处，及树干基部土中，取其自然流出的树脂，此树脂有清热解毒、制酸止痛的功效。

古老的夏蜡梅

夏蜡梅，叶灌木，高 1~3 米；大枝二歧状，小枝对生，嫩枝黄绿色，2 年生枝灰褐色；冬芽为叶柄基部所包被。叶对生，膜质，宽椭圆形或宽卵状椭圆形，长 13~29 厘米，宽 8~16 厘米，先端短尖，基部圆形或近耳形，边缘具不整齐微锯齿或近全缘；叶柄长 1.2~1.8 厘米。花单生嫩枝顶端，直径 4.5~7 厘米，无香气；花被片螺旋状着生，2 型，外轮花被片常为 14 枚，倒卵状短圆形或倒卵状匙形，长 1.4~3.6 厘米，宽 1.2~2.6 厘米，不等长，白色，边淡紫红色，内轮花被片 9~12 枚，椭圆形，长 1.1~1.7 厘米，宽 0.9~1.3 厘米，肉质，半透明，中部较厚，向内卷曲，上部淡黄色，下部带白色，腹面基部具淡紫红色细斑点；雄蕊 18~19 枚，花丝极短；心皮 11~12 枚，花柱丝状，子房生于凹陷的花托内。聚合果托钟形或近顶端微收缩，长 3~4 厘米，径 1.5~3 厘米；瘦果扁平或有棱，椭圆形，长 1.2~1.5 厘米，直径 0.7 厘米，褐色。

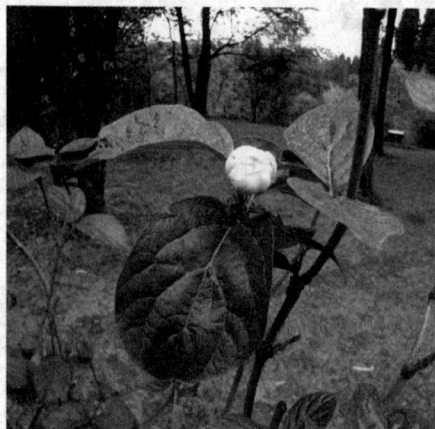

夏蜡梅由中国郑万钧和章绍尧两位先生于 1964 年命名并发表。它是古老的孑遗植物，为国家二级保护树种，原产于浙江西北部昌化和天台等地，分布在海拔 600~800 米的溪谷和山坡林间。中国武汉、杭州、南京、合肥等城市均有引种栽培，且生长良好。1978 年以来引种到美国、荷兰、英国，已经正常开花结果。夏腊梅于 20 世纪 60 年代初被发现，分布区狭窄，仅见于我国东部中亚热带局部的常绿阔叶林或常绿、落叶阔叶混交林中。由于森林砍伐，生境渐趋恶化，面积日益缩小；虽然天然更新较易，但随时有被砍割当做薪柴的危险。因此必须加强保护，以免陷入濒危状态。

栓皮栎树

俗话说："人怕打脸，树怕扒皮。"虽然在世界上不怕打脸的人不曾听说有过，但不怕扒皮的树倒确确实实存在。

树皮可是个大家族，有多少种树就有多少样的树皮。树皮有的光滑，有的粗糙，有的薄，有的厚，有红色，也有白色……真可谓形形色色，千奇百怪。树皮有长在树外面的那层表皮，有长在外表皮和木质中间的韧皮。外表皮像"忠诚的卫士"，终日顶风冒雨，遮挡烈日霜雪，护卫着树的全身，保证树体内韧皮部上下运输线的畅通无阻。如果树皮遭到破坏，就会使运输线受阻，造成根部得不到营养而"饿死"，树上的树叶得不到水分而无法进行光合作用，也就慢慢枯萎。可见，"树怕扒皮"的说法是有道理的。

然而，树中也有在扒皮之后，仍能死里逃生的"硬汉子"。栓皮栎树就是一个例子。栓皮栎树在一生中（寿命为 100～150 年），虽要经过几次扒皮，却不会"伤筋动骨"，而且仍然生命不息，健壮地成长。这其中的奥秘在于栓皮栎树的皮下长有一层栓皮的"形成层"，它可以向内分生出少量活细胞，称为

"栓内层"，向外侧分生出大量的栓皮细胞，称为"软木"。随着树木的生长，栓皮也逐年加厚，五六年就可以扒一次皮（"处女皮"要等 20 岁以后才能剥去）。但在扒皮时要注意留下有生命的栓皮"形成层"，只要它不受伤害，就仍然可以照常输送水分和营养，栓皮栎树也就能死里逃生。

栓皮栎树皮——软木，看上去很像鳄鱼皮，它的用处可大了。用于生活上可作桶盖、瓶塞等。用于工业、交通、国防建设方面，它是物品冷藏中最佳的隔热材料；它又是物理、化学试验中良好的保温材料；还是汽车汽缸中优良的密封材料。在"自然美"成为高雅时尚的今天，软木又在建筑装饰上获得了一席之地。

科学家对树木"形成层"的研究，正在应用于对杜仲、黄柏、厚朴等制作中药材的树木的取皮上，从而告别了过去那种"杀鸡取蛋""砍树取药"的笨办法。如果这方面的研究能应用于更多的树种，人们的生活中将会有更加丰富的树皮制品。

"活化石"——银杏

银杏又名白果，因为商店出售的银杏是白色的，故有此名。事实上，银杏成熟时的外种皮呈黄色或橙黄色，肉质厚，去掉外种皮才是白色的第二层种皮。银杏是裸子植物，为落叶乔木，树干端直，高可达 40 米，胸径可达 4 米，老树的树皮粗糙，呈灰褐色，有深的纵裂纹。叶的顶端有波状缺刻或浅裂，有长叶柄。

银杏生长较慢，植后 20 年左右才开始开花结实，一般认为祖父种的树要到孙子那一代才能收获种子，故又有"公孙树"之称。银杏是现存种子植物中最古老的残遗植物，被称为"活化石"。它在中生代很繁盛，分布全球，至第四纪冰期后，世界上其他地区的银杏已经绝迹，只在中国保存下来，是国家二级保护植物。

四 数 木

四数木，落叶大乔木，高 25～45 米，枝下高 20～35 米，胸径 60～120 厘米，具明显而巨大的板状根；树皮粗糙，灰白色；着花的小枝粗壮，上面叶痕明显突起。叶互生，宽卵形或近圆形，长 10～26 厘米，宽 9～20 厘米，纸质，先端短，尾尖至近渐尖，基部微心脏形或近圆形，边缘有锯齿，幼叶兼有角状齿裂，两面有稀疏短柔毛，下面脉上的毛较多；叶柄长 3～20 厘米。花单性，雌雄异株，4 基数，无花瓣，开于叶前；雄花序圆锥状，长 10～20 厘米；雌花序通常穗状，长 8～20 厘米，着生清真小枝近顶部。蒴果球形或卵球形，坛状，膜质，长 4～5 毫米，成熟时黄褐色，外面具 8～10 脉，在顶端于花柱间开裂；种子细小，多数，微扁，长 0.5 毫米以下。

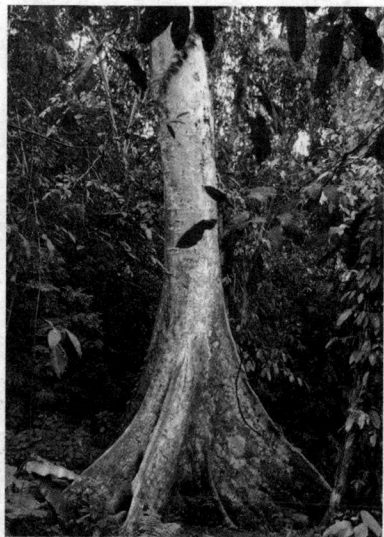

四数木分布区内年平均气温 21℃，极端最低温 2℃，全年中干（11 月至次年 4 月）、湿（5～10 月）季交替分明，干季有雾，大气湿度可以补偿水分的不足，年降水量 1200～1500 毫米。产地的基质为二叠纪石灰岩，具喀斯特地貌，

林下岩石裸露，尖利的石牙一般高出 0.5~1.0 米，形成上有森林，下有石林的特殊景观。土壤仅见于岩缝石隙间，为多腐殖质的褐色石灰土或黑色石灰土，pH 值 6.8~7.5。四数木的根系穿插伸延面积较大，能更多地摄取土壤中的水分和养分；树冠明显突出于主林层之上。伴生乔木有多花嘉榄、油朴、轮叶戟、绒毛紫薇等。3 月上旬开始抽出花序，4 月上旬至中旬为盛花期，5 月上旬至中旬为果熟期，同时开始萌芽展叶，11 月中旬开始落叶。种子极多，但发育成熟者少。虽然天然繁殖能力差，但是一旦种子萌发，生长极为迅速。

在中国，主要分布于云南南部景洪、勐腊、金平，西南部耿马和西部盈江等地，散生于海拔 500~700（1000）米的石灰岩山地雨林，亚洲热带其他地区也有分布。

红 花 楹

红花楹又名凤凰木，原产马达加斯加和热带非洲，为美丽的观赏树木，现在广泛栽培于全世界的热带地区。花期 5 月间，开花时满树红花，火红似锦。凤凰木生长迅速，树冠广阔，枝叶茂密，小叶长椭圆形，长约 8 毫米。它的花大而美丽，鲜红色，直径 7~10 厘米。

美丽的观赏树木

凤凰木的果为荚果，长带状，长达 50 厘米，宽约 5 厘米，厚而且硬，成熟时深褐色，里面有黑褐色的种子。凤凰木开花时花多且大，满树红花，成片鲜红，像这样美丽的观赏树木，实不多见。但花无香味，秋冬季落叶满地，叶片细小，不易扫除，木材不坚实，是其缺点。虽然如此，但它生长迅速，繁殖容易，花色鲜红艳丽，为奇特的观赏树木，适用于城市园林绿化建设。可用种子繁殖。

喜 树

喜树属落叶乔木。高可达 20 余米，树干端直，枝条伸展，树皮灰色或浅灰色，有稀疏圆形或卵形皮孔。叶互生，纸质，卵状椭圆形或长圆形，长 10～26 厘米，宽 6～10 厘米，先端渐尖，基部圆形，上面亮绿色，嫩时叶脉上被短柔毛，其后无毛，下面淡绿色，被稀疏短柔毛，侧脉显著，10～12 对，弧形平行，全缘，叶柄带红色，长 1.5～3 厘米，嫩时被柔毛，其后无毛。头状花序近于球形，顶生或腋生，顶生的花序具雌花，腋生的花序具雄花，总花梗长 4～6 厘米；花杂性，同株，苞片 3 枚，三角状卵形；花萼杯状，5 浅裂，裂片齿状；花瓣 5 枚，淡绿色，长圆形或长圆卵形，长 2 毫米，早落；花盘显著，微裂；雄蕊 10 枚，外轮 5 枚，较长，常伸出花冠外，内轮 5 枚较短，花丝细长，无毛，花药 4 室；子房在两性花中发育良好，下位，花柱无毛，长 4 毫米，顶端分 2 支。翅果长圆形，长 2～2.5 厘米，顶端具宿存的花盘，两侧具窄翅，着生于近球形的头状果序上。

25

花期 7 月，果熟期 11 月。暖地速生树种。喜光，不耐严寒干燥。需土层深厚，湿润而肥沃的土壤，在干旱瘠薄地种植，生长瘦长，发育不良。深根性，萌芽率强。较耐水湿，在酸性、中性、微碱性土壤均能生长，在石灰岩风化土及冲积土生长良好。

庭荫树、行道树，主干通直，树冠宽展，本种生长迅速，为优良的庭园树和行道树，可作为绿化城市和庭园的优良树种。

华 盖 木

华盖木现仅存 6 株，木兰科常绿乔木，稀有种，国家一级保护植物。华盖木为单型属，仅 1 个，且成株过于稀少，虽开花结果正常，但每果成熟的种子很少，在原生母树周围一直未见幼苗，天然更新能力很低。

华盖木属常绿大乔木，高可达 40 米，胸径达 1.2 米，全株各部无毛；树皮灰白色；当年生枝绿色。叶革质，长圆状倒卵形或长圆状椭圆形，长 15～26 厘米，宽 5～8 厘米，先端急尖，尖头钝，基部楔形，上面深绿色，侧脉 13～16 对；叶柄长 1.5～2 厘米，无托叶痕。花芳香，花被片肉质，9～11 枚，外轮 3 片长圆形，外面深红色，内面白色，长 8～10 厘米，内 2 轮白色，渐狭小，基部具爪；雄蕊约 65 枚，花药内向纵裂；雌蕊群长卵圆形，具短柄，心皮 13～16 枚，每心皮具胚珠 3～5 枚。聚合果倒卵圆形或椭圆形，长 5～8.5 厘米，直径 3.5～6.5 厘米，具稀疏皮孔；蓇葖厚木质，长圆状椭圆形或长圆状倒卵圆形，长 2.5～5 厘米，顶端浅裂；种子每蓇葖内 1～3 粒，外种皮红色。

华盖木生长于山坡上部、向阳的沟谷、潮湿山地上的南亚热带季风常绿阔叶林中。产地夏季温暖，冬无严寒，四季不明显，干湿季分明，年平均气温

16～18℃，年降雨量 1200～1800 毫米，年平均相对湿度在 75% 以上，最高达 90%；雾期长，年平均霜期只有 8.6 天。土壤为砂岩和砂页岩发育而成的山地黄壤或黄棕壤，呈酸性反应，pH 值 4.8～5.7。地被物和枯枝落叶腐殖质层深厚达 10～20 厘米，有机质可达 20% 以上。华盖木为上层乔木，树冠宽广，根系发达，有板根。

华盖木为我国特有的单种属植物，是木兰科亚科顶生花木兰族中的原始类群，对木兰科分类系统和古植物学区系等研究有学术价值。树干挺拔通直，木材结构细致，有丝绢般的光泽，耐腐、抗虫，是滇东南珍稀的用材树种。花色艳丽而芳香，可选为庭园观赏树种。

天目铁木

天目铁木现仅存 5 株，桦木科落叶乔木，濒危种，国家一级保护植物，中国特有种。

天目铁木属落叶乔木，高 21 米，胸径达 1 米；树皮深褐色，纵裂；一年生小枝灰褐色，具浅色皮孔，有毛。叶互生，椭圆形或椭圆状卵形，长 4.5～10 厘米，宽 2.5～4 厘米，先端长渐尖，基部宽楔形或圆钝，叶缘具不规则的锐齿，下面疏被硬毛至几无毛，脉上除短硬毛外间或有短柔毛，侧脉 13～16 对；叶柄长 2～6 毫米，密生短柔毛。花单性，雌雄同株；雄荑黄花序多 3 个簇生，长 6～11 厘米；雌花序单生，直立，长 1.8～2.5 厘米，有花 7～12 枚，果多数，聚生成稀疏的总状，果序长 3.5 厘米，总梗长 1.5～2 厘米，密披短硬毛；果苞膜质，囊状，长倒卵状，长 2～2.5 厘米，最宽处直径 7～8 毫米，顶端圆，具短尖，基部缢缩成柄状，上部无毛，基部具长硬毛，网脉显著。小坚果红褐

色，有细纵肋。

分布于山麓林缘或林旁。分布区平均气温约15℃，1月平均气温3.3℃，7月平均气温28℃，全年降水量1471毫米，6月降水最多，年平均相对湿度为78%。土壤为红壤，pH值4.7～5.3。伴生植物主要有马尾松、青冈、苦槠、黄檀、大叶胡枝子等。雄花序7月显露至翌年4月开放；雌花序随当年生枝伸展而出，4月中旬叶全展，9月中旬果熟，11月中旬落叶。

天目铁木不仅是我国特有种，而且是该属分布于我国东部的唯一种类。对研究植物区系和铁木属系统分类，以及保存物种等，均具有一定意义。

天　麻

天麻属兰科植物，多年生草本，块茎横生，肥厚肉质，长椭圆形，表面有均匀的环节。茎直立，黄褐色，节上具有鞘状鳞片。6～7月开花，为总状花序，顶生，花黄褐色，结倒卵状长圆形蒴果。分布于我国东北、西南、华东等地。

天麻的生态特点

天麻的生态与众不同。初夏，由地下块茎顶部抽生出直立的地上茎，很像一支出土的箭，所以在《神农本草经》中称为"赤箭"。天麻无根无叶，没有叶绿素，不能进行光合作用制造有机物，也不能吸收水、无机盐。那么，它是怎样生存的呢？原来，在阴湿的杂木林下，寄生着一种真菌，它的菌盖呈蜜黄色，在菌柄上有个环，名叫"蜜环菌"。当它的菌丝体遇到天麻的地下块茎时，就会全面包裹天麻块茎并伸入其中，天麻的组织细胞会分泌溶菌液，靠消化蜜环菌的菌丝来营养自身。所以，天麻是一种靠密环菌生存的腐生植物。

天麻的药用

天麻始载《神农本草经》，称为"赤箭"，宋代《开宝本草》始收载天麻之名。明代《本草纲目》中将二者合并称"天麻赤箭"。别名明天麻。可见我国很早就将天麻用于药用了。天麻的块茎内含香草醇、甙类和微量生物碱。药用有通络止痛、息风镇痉的作用。用以治疗高血压、头痛、眩晕、肢体麻木、神经衰弱及小儿惊风等。

珊 瑚 菜

珊瑚菜是渐危物种，多年生草本，高 5～25 厘米。主根细长，圆柱形，长可达 70 多厘米。基生叶具柄，叶柄长约 10 厘米，基部宽鞘状；叶片轮廓呈卵形或宽三角状卵形，长 5～12 厘米，三出式分裂或之回羽状分裂，裂片质厚，卵圆形或椭圆形，长 2～5 厘米，宽 1～3 厘米，先端圆钝或渐尖，边缘有粗锯齿，上面有光泽。复伞形花序顶生，总梗长 4～10 厘米，密生白色或灰褐色绒毛；无总苞；伞辐 10～14 厘米，不等长；小总苞片 8～12 枚，线状披针形；花白色；萼齿 5 枚，细小；花瓣 5 枚，卵状披针形，先端内折；雄蕊 5 枚，与花瓣互生，花药带紫褐色；花柱基扁圆锥形，花柱短。双悬果圆球形或椭圆形，

果棱木质化，翅状，有棕色毛。其根入药，为中药材。生于我国沿海地区，尤以海滨沙滩上分布甚广。近年来，随着城市和港口建设，需要大量用沙，因而生长珊瑚菜的沙滩常被挖掘，生境遭到破坏，影响繁殖生长，加上药农连年挖根，因此，资源逐渐减少，分布面积越来越窄。

珊瑚菜在不同的生长发育阶段对气温的要求不同，种子萌发必须通过低温阶段，营养生长期内在温和的气温条件下发育较快。气温过高，植株会出现短期休眠。高温季节一过，休眠即解除。开花结果期需要较高的气温。冬季植株地上部分枯萎，根部能露地越冬。

珊瑚菜广泛用作镇咳祛痰药，并可食用，经济价值较高，对于海岸固沙和盐碱土的改良也极为重要。在分类学上，有些学者，曾把本种产于北美地区的单独成立一种或把它作为地理亚种。对研究伞形科植物的系统发育，种群起源，以及东亚与北美植物区系，均有一定意义。

吃人的猪笼草

人们都知道，凶猛的动物往往具备吃人的本性，譬如狼、老虎等。可是你听说过植物"吃人"的说法吗？这听起来似乎让人觉得不可思议。然而在许多报刊上又确实有许多关于吃人植物的报道。目击者叙述得活灵活现，让人似乎身临其境。

地球上真的有吃人植物吗？它们是什么样子？是像动物那样突然张开血盆大口还是另有招数？它们又在哪儿？

1979 年，毕生致力于研究食肉植物的英国权威艾得里安·斯莱克在他的专著《食肉植物》里写道：到目前为止，学术界尚未发现有关吃人植物的正式记载和报道，就连著名的植物学巨著——德国的恩格勒主编的《植物自然学科志》中，也没有任何关于吃人树的描写。与此同时，曾经走遍了南洋群岛的英国生物学家华莱士在他的《马来群岛游记》中，记述了许许多多罕见的南洋热带植物，却从未提到过吃人植物。这些无异于泼了一盆冷水，使得人们津津乐道的吃人树在突然之间降了温。于是，绝大多数植物学家一致认为，世界上也许并不存在这类奇特的植物。

难道所有关于吃人树的报道都是捕风捉影？艾得里安·斯莱克和其他一些学者在仔细分析后认为，吃人树的说法或许是人们根据食肉植物捕捉昆虫的特性，经过想象和夸张而产生的；要么，就是根据某些未经核实的传说以讹传讹。

在《食肉植物》一书中，艾得里安·斯莱克指出：地球上确确实实存在着一类行为独特的食肉植物（亦称食虫植物），它们分布在世界各国，共有 500 多种。其中包括瓶子草、猪笼草、茅菁菜和捕捉水下昆虫的狸藻等。这些植物的叶子很奇特，有的像瓶子，有的像小口袋或蚌壳，有的叶子上甚至长满腺毛，能分泌出各种酶来消化虫体。它们大多生长在经常被雨水冲洗和缺少矿物质的地带。由于这些地区的土壤呈酸性，缺乏氮素养料，因此植物的根部吸收作用不大，以致逐渐退化。为了获得氮素营养，满足生存的需要，它们经历了漫长的演化过程，演变出一种能吃动物的特性。

猪笼草是著名的热带食虫植物，为多年生草本。叶互生，长椭圆形，全缘。中脉延长为卷须，末端有一小叶笼，叶笼小瓶状，瓶口边缘厚，上有上盖，成

长时盖张开，不能再闭合，笼色以绿色为主，有褐色或红色的斑点和条纹。雌雄异株，总状花序。常见同属种类有瓶状猪笼草，叶笼短，黄绿色；二距猪笼草，叶披针形，笼面深绿色；绯红猪笼草，笼面黄绿色，具褐红色斑条；库氏猪笼草，叶笼短，黄绿色，具红褐色斑条；中间猪笼草，笼面绿色，具淡紫红斑点；劳氏猪笼草，笼面黄绿色，具褐色斑点；奇异猪笼草，笼面黄绿色，叶笼上口具红晕；拉弗尔斯猪笼草，笼面黄绿色，具淡紫褐色斑点；大猪笼草，叶笼大，长 30 厘米，笼面红褐色，具绿色条纹；血红猪笼草，笼面淡红色；狭叶猪笼草，笼面褐色绿，具红色斑点，叶笼长 15～18 厘米，宽3～4厘米；华丽猪笼草，笼面黄绿色，具深红色条纹斑；长柔猪笼草，笼面红褐色。

猪笼草属植物全世界约 67 种，中国广东地区仅产一种。猪笼草在自然界常常平卧生长，叶的构造复杂，分叶柄，叶身和卷须，卷须尾部扩大并反卷形成瓶状，可捕食昆虫。猪笼草具有总状花序，开绿色或紫色小花。猪笼草叶顶的瓶状体是捕食昆虫的工具。瓶状体开口边缘和瓶盖复面能分泌蜜汁，引诱昆虫。瓶口光滑，待昆虫滑落瓶内，被瓶底分泌的液体淹死，并分解虫体营养物质，逐渐消化吸收。

秃 杉

秃杉是分布在中亚热带季风气候区的一种常绿乔木，高约 40 米，胸径达 2 米，树皮淡灰褐色，裂成不规则长条形，树冠成锥形，大枝平展或下垂，小枝下垂，大树之叶棱状钻形，排列紧密，长 2～5 毫米，两侧宽 1～1.5 毫米，直或上端微弯，先端尖或钝，幼树及萌芽枝之叶钻形，两侧扁平，直伸或稍向内弯曲，先端锐尖。球花单性同株，雄球花 2~7 个簇生于小枝顶端，雌球花单生于枝顶，无苞鳞。球果圆柱形或长椭圆形，长 1.5~2.5 厘米，直径约 1 厘米，熟时褐色，种鳞 12~39 枚，中部种鳞宽倒三角形，长约 7 毫米，每发育种鳞具 2 粒种子，种子长椭圆形或倒卵形，两侧边缘具翅，种子连翅长 4~7 毫米，宽 3~4 毫米。

为第三纪古热带植物区孑遗植物，属于国家一级保护植物，它的树皮淡灰褐色，裂成不规则长条形，树冠成锥形，为我国台湾的主要用材树种之一。

秃杉的分布区属中亚热带季风气候，其特点是夏热冬凉，雨量充沛，雨日及云雾较多，光照较少，相对湿度较大。

秃杉的主要分布区雷公山地质构造为江南古陆雪烽台凸，地处云贵高原东部边缘，由于雷公山台块上升，流水侵蚀，深切割的沟谷纵横交错，形成以高中山、中山为主，低山局部出现的地貌特征，基岩为前震旦纪板溪群变质岩系，以浅变质岩为主。土壤为山地黄壤类，酸性，pH 值 4.0~5.3，质地为壤土，土层较深厚。据雷公山气候资料，年均气温 14.3℃，7 月份均温 23.5℃，1 月份均温 3.6℃，≥10℃ 有效积温 4110℃，≥10℃ 天数 197 天，凝冻约 20 天，年降雨量为 1400 毫米以上，雨量集中在 4~9 月，10~3 月较少，约 300 毫米。

秃杉寿命长，生长迅速，主干发达，浅根性，侧根和须根发达，多集中于 80 厘米的土层中，幼树梢耐阴，在全光照条件下生长也比较迅速，种子萌发率良好，为扩大其资源量奠定了良好的基础。

展翅欲飞的白鹭花

　　白鹭是一种长得像鹳似的鸟，在南欧和亚洲发现有一种花竟然也有同样的名字，因为它酷似飞行的白鹭。

　　白鹭花，原名狭穗鹭兰，是非洲南部的一种本土植物，这种花是在地下生长，除了像肉般的花朵裸露在地面上，释放出一种尸体恶臭吸引着蜣螂、食尸甲虫。美丽鲜红花朵的真实作用是一个陷阱，吸引甲虫们进入到花朵之中，然后将这些甲虫困起来直至死亡，它吸收甲虫尸体的营养成分。

　　白鹭花通常隐身于充当寄主的树丛中，人们很难发现它的踪影，只能通过其难闻的气味觅得其踪迹。非洲白鹭花，属于全球十六种"臭名昭著"的美丽植物之一，是一种大戟属植物。通常它生长在干旱贫瘠的沙漠地区，它在纳米比亚通常被称为草原型大戟属植物，是一种银灰色肉质灌木，最高可达两米，根茎如木头般坚硬，外形如蜂窝。豺和狒狒同南非科伊桑族人（Khoi-san）一样，会"泰然自若"地吃掉花上结出的果实，根据它的这一特性，当地人称其为"丛林人的色拉"。植物中理想的寄生关系是"中立寄生性"，按照这种寄生关系，寄生植物会对寄主造成极少损害，或者不造成任何损害。大戟属植物是幸运的，它散发着恶臭，具有"中立寄生性"的花不会对其造成一点伤害。

峨 眉 含 笑

　　峨眉含笑为含笑花属，属内之植物近约50种，其性较不耐寒，故大都散布于亚洲的热带、亚热带和温带地理区，而中国原产者即多达三十余种，主产于南方各省诸如江西南部、广东、福建以及台湾一带之山坡地，野生形态者多半混生于南方的阔叶树林中。现台湾全省各地均有栽种，但多半集中于桃园、彰化、埔里与台南，以盆栽销售为主，庭园造景次之。在园艺用途上主要是栽植2~3米之小型含笑花灌木，作为庭园中备供观赏暨散发香气之植物，当花苞膨大而外苞行将裂解脱落时，所采摘下的含笑花气味最为香浓。

　　峨眉含笑为常绿乔木，高达20米，胸径达40厘米；树皮灰色或灰绿色，光滑。叶革质，倒卵形、倒披针形或长圆状倒披针形，长7~15厘米，宽3~5厘米，先端急尖或短渐尖，基部楔形或宽楔形，上面绿色，下面灰绿色，微被白霜，侧脉8~13对；叶柄长1.5~4厘米，具托叶痕。花单生叶腋，直径5~7.5厘米，淡黄色；花被片9~12枚，倒卵形或倒披针形，长3~5厘米，宽1~3厘米，先端圆或钝尖，愈向内者愈小；雄蕊多数，花药长1~1.2厘米，花丝淡绿色，长2~4毫米；心皮多数，淡绿色，密被短细毛，每心皮内有胚珠1~14枚，仅部分心皮发育。穗状果序下垂，长15~25厘米；成熟心皮紫红色，几无柄，倒卵圆形或长圆形，长1.5~3.5厘米，顶端有短成熟后两瓣开裂。峨眉含笑分布于四川盆地边缘岷江上游的灌县、什邡，青衣江流域的荥经、雅安、峨嵋、洪雅，大渡河下游的峨边、沐川，以及东南部的古蔺、南川与湖北西部利川等地。生于海拔700~1600米的森林中。

　　峨嵋含笑为中国特有种，分布范围狭窄，且呈零星散生。由于材质优良，常成为滥伐对象。现分布区植株已越来越少，又因其结实甚少，更新困难，将被其他阔叶树种更替，陷入灭绝的危险，为残遗树种。对于研究木兰科植物的系统发育、植物区系等有科学价值。木材为制车、船、家具、乐器、图版、雕刻等良材；花、叶含芳香油，可提浸膏；树皮和花均可入药；种子油供工业用；树形美观，花美丽芳香，可供庭园观赏，也可作适生地区的主要造林树种。国家二级保护濒危品种。是城市绿化名贵树种，获世博会园林植物铜奖。

"光头" 罗汉松

罗汉松是产于中国长江流域以南地区罗汉松科中较常见的种类，多栽培供观赏。罗汉松神奇有趣的是，在夏季雌树的叶腋内，会结出一个个小罗汉似的种子，种子上面的"光头"部分是一枚侧生胚珠，下面的种托好似罗汉的身体，种托处微微凸起的地方，又很像罗汉"合十"的双手。

罗汉松属常绿乔木，高达 16 米，胸径 60 厘米；树皮褐灰色或灰白色，鳞状开裂。叶螺旋状排列，辐射状散生，在小枝上端排列紧密，厚革质，线状披针形或线形，微弯，长 4~10.5 厘米，宽 5~10 毫米，先端圆或钝尖，基部窄成短柄，中脉两面隆起，上面绿色，有光泽，下面淡绿色。雌雄异株，雄球花穗状，单生或 2~3 簇生叶腋，长 3~5 厘米，几无梗，基部具数枚三角形苞片；雌球花单生叶腋；具梗。种子卵圆形，长 8~10 毫米，直径约 6 毫米；肉质种托与种子等长或近等长，成熟时红色或紫红色。松柏植物门罗汉松科的一属。叶线形、披针形、椭圆形或鳞形，螺旋状排列，近对生或对生，有时基部扭转排成两列。雌雄异株，雄球花穗状或分枝，单生或簇生叶腋，雌球花通常单生叶腋或苞腋，有数枚螺旋状着生或交互对生的苞片，最上部的苞腋有 1 套被生 1

枚倒生胚珠，套被与珠被合生，花后套被增厚成肉质假种皮，苞片发育成肥厚或稍肥厚的肉质种托。种子核果状，全部为肉质假种皮所包，生于肉质种托上或梗端。罗汉松科的化石出现于晚三叠世。现存的罗汉松科植物共 7 属约 130 余种，分布于热带、亚热带及南温带地区，在南半球分布最多。其中罗汉松属种类最多，次为陆均松属，约 20 种。中国产陆均松属 1 种，即陆均松（产海南岛）。罗汉松属植物的木材材质细致均匀，纹理直，有光泽，硬度适中，干后不裂，易加工，耐腐力强，供作乐器、文具、雕刻、农具、家具、建筑、桥梁、船舰等用。

姿态优美的七子花

　　七子花是中国特有的忍冬科单种属植物，是落叶小乔木，高达 7 米；树皮灰褐色，片状剥落；幼枝略呈四棱形，红褐色。叶对生，厚纸质，卵形至卵状长圆形，长 7～16 厘米，宽 4～8.5 厘米，先端尾状渐尖，基部圆形或微呈心形，近基 3 出脉，3 脉近平行，全缘或微波状，下面脉上被柔毛；叶柄长 5～15 毫米。圆锥花序顶生，长达 15 厘米。由多数密集呈头状的穗状花序组成；穗状花序有 12 轮，每轮有 7 朵花，包括 1 对有 3 朵花的聚伞花序和 1 朵顶生的单花，外面包有 10～12 枚鳞片状苞片和小苞片，小苞片各对形状大小不等，最外一对有缺刻；萼筒长约 2 毫米，被白色刚毛，萼齿 5 枚，长圆形；花冠白色，稍芳香，筒状漏斗形，外面密生倒向短柔毛，裂片 5 枚，近唇形；雄蕊 5 枚，子房下位，3 室，仅 1 室能育。果为瘦果状核果，长圆形，长 1～1.5 厘米，外具 10 条纵棱和疏生糙毛，冠以宿存而增大的 5 萼裂片，裂片紫红色。

　　七子花姿态优美，花期长；树干洁白、光滑，可与紫薇媲美；花形奇特，

花色红白相间，繁花集于长花序，远望酷似群蜂采蜜，甚为奇观。七子花可作为优良的园林绿化观赏树种，具有较高的经济价值。七子花主要分布于湖北，安徽，浙江的大盘山、北山、天台山以及泾县、宣城等地区，在模式标本产地——湖北兴山已不存在七子花了。

七子花属国家二级重点保护植物，先后被列入中国被子植物关键类群中高度濒危种类和中国多样性保护行动计划中优先保护的物种。

"仙草"灵芝

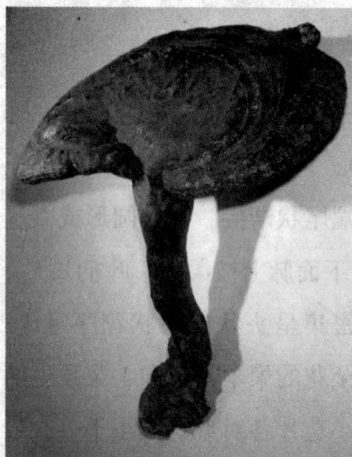

灵芝草别名赤芝、木灵芝、高砂。菌盖扁形或肾形，直径 5~15 厘米，厚 0.5~2 厘米；盖面黄褐色，变为红褐色，具有漆状光泽的皮壳，有同心环状棱纹和辐射状皱纹；边缘薄或平截，往往稍后卷。菌肉木栓质，近白色至淡褐色，厚可达 1 厘米。管口白色或淡褐色，每毫米 4~5 个，管孔圆形。菌管一层，长 0.1~1 厘米，近白色，后变为浅褐色。菌柄侧生，罕偏生，长可达 19 厘米或更长，粗 1~4 厘米，紫褐色，有漆状光泽。孢子卵圆形，顶端截形，双层壁，内壁褐色布有小疣，外壁无色，光滑。生于阔叶树树根和木桩旁，为高温型腐生真菌，喜高温、高湿、散射光的环境。分布于我国东北、华北、西北、西南、中南、华东，全世界广泛分布。

灵芝"仙草"

灵芝是一种坚硬、多孢子和微带苦涩的菌类植物。现在野生的灵芝已经很少见，大多数都是人工种植的。灵芝自古以来就被认为是吉祥、富贵、美好、长寿的象征，有"仙草""瑞草"之称，中华传统医学长期以来一直视为滋补强壮、固本扶正的珍贵中草药。民间传说灵芝有起死回生、长生不老之功效。

灵芝的药用价值

灵芝是我国中医药宝库中的珍品，素有"仙草"之誉。根据我国第一部药物专著《神农本草经》记载：灵芝有紫、赤、青、黄、白、黑六种，但现代文献及所见标本，多为多菌科植物紫芝或赤芝的全株。性味甘平。紫芝主要含麦角甾醇、有机酸、氨基葡萄糖、多糖类、树脂、甘露醇和多糖醇等，又含生物碱、内酯、香豆精、水溶性蛋白质和多种酶类。味甘，性温，有滋补强壮，健脑安神，利尿，解毒的功效。常用于治虚劳、气喘、头晕、失眠、慢性气管炎、高血压病、冠心病、消化不良、肾盂肾炎、慢性肝炎、毒菌中毒。

独 叶 草

独叶草，多年生小草本，高3～10厘米。基生叶，叉指状分裂，叶脉开放二歧式。花单生，萼片花瓣状，花瓣缺。瘦果狭倒披针形。叶常1片基生，心状圆形，宽3.5～7厘米，5全裂，中、侧裂片断浅裂，下面的裂片不等2深裂，顶部边缘有小牙齿，下面粉绿色；脉序开放二叉分歧；叶柄长 5～11 厘米，单花，花葶高 7～12.5 厘米；花被片（4-）5～6（-7）枚，淡绿色，卵形，长 5～7.5 毫米，顶端渐尖，基部狭且具线状紫斑；退化雄蕊（-3）5～8 枚；心皮 3～7（-9）枚，长约 1.4 毫米，种子白色，扁椭圆形，长 3～3.5 毫米。在繁花似锦、枝繁叶茂的植物世界中，独叶草是最孤独的。论花，它只有一朵，数叶，仅有一片，真是"独花独叶一根草"。根据蜜汁在整个花期中的分泌情况，独叶草的花期可分为 4 个时期：分泌前期，为花开放后的第 1～2 日，花药均未开裂，不育雄蕊表面干燥；旺盛期，为花开放后的第 3～8 日，花药陆续开裂，蜜汁分泌旺盛，不育雄蕊腹面可见透明液滴；湿润期，为花开放后的第 9～15 日，多数花药开裂后，蜜汁分泌量明显减少，不育雄蕊仅表面湿润；干涸期，为花开放后的 15 日以后，花期即将结束时，散粉完毕，蜜汁停止分泌，不育雄蕊表面干燥。当蜜汁充足时，昆虫访花频率最高可达每小时 2.7 次（包括所有访花昆虫），蜜汁分泌的各个时期，昆虫访花频率也不一样。

独叶草是中国特有单种属植物。分布于云南、四川、甘肃、陕西，生于海拔 2750～3900 米处的林下，对研究被子植物的进化和该科的系统发育有科学意义，国家一级保护稀有种。

赤 柏 松

赤柏松也叫紫杉，为红豆杉科的常绿乔木。它和我们经常见到的松树一样，属于裸子植物。高可达 17 米。最粗的树干直径达 80 厘米。倒卵形的树冠有如白杨树一般的矫健，红褐色的树皮又比白杨树更增添了几分风采。针形叶表面深绿色，背面黄绿色，有两条气孔带，叶中脉向两侧叶面突起。紫杉是极好的观赏树木，常在海拔 500 ~ 1000 米的以红松为主的针阔混交林内分散生长。我国黑龙江省东南部、吉林省东部山区和辽宁东部都有分布。

紫杉的生存现状

紫杉是雌雄异株的裸子植物，每年春暖花开的 5 月，淡黄绿色的雄球花成簇地挂满枝头，最有趣的是，它的每粒种子外边都有一个杯状、亮红色的假种皮，远远望去，犹如绿树间点缀着无数颗红玛瑙石，艳丽夺目。紫杉有如此鲜艳的种子，是红豆杉科独有的一大特征。但是，由于紫杉的生长习性为分散式生长，又是裸子植物，繁殖也很缓慢，再加上近年来人们的乱砍滥伐，现已濒临灭绝。保护这一珍贵的自然资源已迫在眉睫。

紫杉的药用价值

紫杉材质优良，适于作建筑、机械、乐器、雕刻等用材，也是造纸的好材料。同时，它的树皮和种皮均可提制天然食用色素，用于食品加工。它的叶子可制成中药，有通经利尿之功效。可用于治疗糖尿病、心悸亢进和高血压等症。特别是近些年，科学家们成功地从紫杉的叶中提制出了一种有效的抗癌成分。经临床验证，此成分对治疗癌症普遍有效，并且对特定的几类癌症治疗效果尤为突出。在现代医学所攻克的癌症难关的道路上又迈进了一大步。

羊角槭

羊角槭属槭树科，落叶乔木，高15米，胸径60厘米，主干力带扭曲状；树皮灰褐色或深褐色，具发达的木栓；小枝圆柱形，嫩枝淡紫色或紫绿色，被褐色或淡黄色短柔毛。叶具乳汁长7~9厘米，宽6~7厘米，基部近心形或近截形，5裂。中裂片长于侧裂片，基部的裂片钝尖或不发育，裂片边缘波状，叶柄长4~7厘米。花序顶生，伞房圆锥状；花杂性；萼片5枚，绿色，长3.5~4毫米；花瓣5枚，淡绿色，短于萼片；雄蕊8枚，着生于花盘上。果为小坚果，扁平，近于圆形，直径1~1.2厘米，翅长圆形，宽1~1.2厘米，两侧近于平行，连同小坚果长3~4厘米，近水平张开或稍反卷。分布于浙江西天目山，生于海拔750~900米的疏林内。

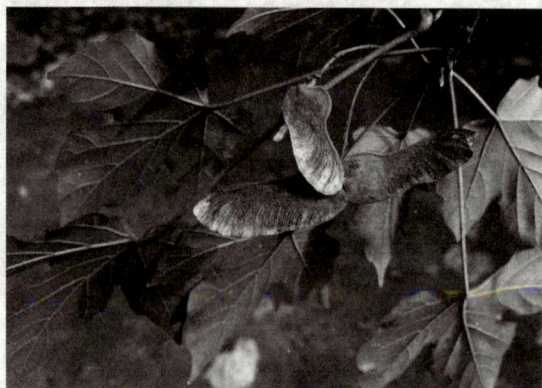

羊角槭分布区的气候多雾而潮湿，年平均温12℃左右，在初秋（9月份）多阴天，相对湿度可达94%，年降水量约1600毫米。土壤为红壤或黄壤，pH值4~5。为中性偏阳树种，常生于以紫楠、绵槠、香果树为优势种的常绿、落叶阔叶混交林内。叶芽3月下旬开始萌动，4月展叶，花于4月下旬开放，小坚果于9月下旬至10月成熟，10月下旬至12月中旬落叶。种子不孕率高，发芽率低。

用种子繁殖。种子采收后，在弱光下曝晒2~3天，脱翅后，即可播种。秋播种子可在翌年4~5月发芽。如春插，种子需沙藏或袋藏过冬，但常因引起次生休眠，发芽期要推尺2个月左右。一年生小苗平均高4~5厘米。也可采用嫁接和扦插法繁殖。

羊角槭现仅存4株，槭树科落叶乔木，濒危种，国家二级保护植物，中国特有种。与产于日本北海道的日本羊角槭亲缘关系极为密切，系古老的残遗种，具有重要的科学价值。

瓣 鳞 花

瓣鳞花，一年生矮小草本，高5~16厘米。叶小，常4枚轮生。花小，粉红色。瓣鳞花科有4属90种，中国仅产1属1种。古地中海植物区系成分的典型代表。分布于新疆、甘肃、内蒙古，多生于海拔1200~1450米处的盐化草甸中。

瓣鳞花的无性繁殖主要有两种方式：一种为劈裂式生长，是瓣鳞花自然更新的主要方式；另一种方式是由茎部向地表发生弯曲，被地表浮沙覆盖后由茎尖处长出不定根和不定芽，形成新的植株。一般在资源较贫乏、随机干扰程度高的条件下瓣鳞花以劈裂生长形成的环状集群为主；反之，以枝条下垂形成新植株为主。调查中发现瓣鳞花的劈裂生长也有两种类型，一种是当植株生长到一定阶段时，首先茎从基部到根部发生多次劈裂，使主根形成多条，以后地上的茎部也相应发生分裂而形成多个独立的植株；另一种是茎基部以上的部位先发生纵裂，而根部后发生分离，分裂形成的几个部分由于遇到的小环境不同，

有的枯死了，有的存活下来，继续生长，最后形成几个独立的植株，因此瓣鳞花往往形成环状的集群。对采于不同地段的即将劈裂的过渡状态的植株观察时发现，前一种类型的瓣鳞花多生长在地势相对较高的地段，而后一种类型的瓣鳞花多生长在坡底或地势相对低洼等土壤水分条件相对较好的环境中，这一现象说明水分条件会在一定程度上影响劈裂生长的发生过程，而在土壤水分条件相对较好的情况下，风力和温度等外部条件对地上部分的劈裂起着相当大的作用。瓣鳞花对雨水的依赖性和敏感性很强，常以"假死"的方式度过环境恶劣时期，并保持春、秋两次开花的习性，其种群的繁衍以营养繁殖类型为主，劈裂生长又占有较大的比重，这很可能是其远祖逐渐适应现代荒漠干旱气候条件的结果。

此外，劈裂生长是该地区一些强旱生小灌木对干旱环境的一种特殊适应方式，植物体通过对不同的环境条件采用不同的繁殖方式去延续后代、传递基因，这是植物对环境长期适应的最大保证。虽然劈裂生长的机理问题还在研究之中，但其可能具有重要的生态适应意义，它不仅是一种无性繁殖方式，而且对植物扩展空间、扩大种群、增加繁殖途径、分摊风险、提高适合度等方面具有重要作用，是植物在干旱环境中生存的一种积极的适应。

云南大叶石梓

云南大叶石梓又名甑子树、酸树、埋索（傣语）、甲梭扑（哈尼语）、勒咩（基诺语），为马鞭草科半落叶乔木，高 25~30 米，胸径 30~80 厘米。叶片阔卵形。顶生圆锥花序，花黄色，二唇形，花萼钟状。核果倒卵状椭圆形，黄色。主要分布于东南亚，在中国仅分布于云南。生于海拔 1400 米以下的山坡、山脊或平地季雨林。国家二级保护稀有种。

云南石梓属于热带亚洲树种，多分布于南向河谷，中国滇南和滇西南是它分布区的北缘，属偏干性气候，年平均气温为 17.8～19.3℃，但年变幅较小，最冷月平均气温在 12℃左右，没有冬季，极端最低温偶尔可达-1.7℃及 0.6℃，年降水量较多，为 123.4～166.6 毫米。

石梓性喜光，稍耐旱，低温是云南石梓的限制因素。比较瘠薄的山地也能生长，但长势衰弱，而以高温、高湿、静风环境及深厚肥沃土壤生长最优。初期生长很快，旺盛生长期可延续 60 年以上。土地条件好时，10 年生树高、胸径年平均生长量可分别达到 1 米和 1.5 厘米以上。

生长土壤为赤红壤、淋溶石炭岩土。它对水热及土壤、地形条件生态幅较广，山坡、山脊、平坝均能生长。为阳性树种，在季节性雨林中常构成上层成分，伴生的主要树种有合果木、绒毛紫薇、印度锥等。

栽培技术简单。花期 3～4 月，果期 5～6 月。种子千粒重 400～900 克，发芽率高达 80%。播种前沙藏催芽。植苗造林或直播造林均可。害虫有石梓龟甲、石梓大斑丫毛虫、石梓沟胸龟甲、石梓跳甲、石梓蓑天牛等。

云南石梓已被列为稀有物种，在我国的分布仅限于云南南部和西南部。其材质优良，心材耐腐，抗虫，防湿性能特强，是当地群众所喜用的建筑、家具用材。由于长年不合理的采伐和近年来毁林开荒，破坏十分严重，现存的天然植株已明显减少，若不加强保护，促进自然更新，进行人工栽培，将陷入濒危状态。

鹤 望 兰

　　鹤望兰是旅人蕉科鹤望兰属植物，为多年生常绿草本植物，高可达 1 米。根肉质，粗壮，茎不明显，叶片从极短的地上茎生出，折叠状，对生，叶片椭圆形，长约 40 厘米，宽约 15 厘米，蓝绿色，叶柄长 30 ~ 75 厘米。花大，左右对称，常 6 ~ 8 朵排成蝎尾状聚伞花序，生于一船形佛焰苞中。佛焰苞长约 15 厘米，生长在总花梗上，萼片 3 枚，橙黄色，花瓣 3 片，紫蓝色，中央的一枚花瓣小，船状，侧生的两枚花瓣靠拢成箭头状，内藏 5 枚雄蕊，花形美丽且奇特，可作盆栽或切花用。

　　鹤望兰是一种美丽的花卉，又称极乐鸟花，原产南非。它在原产地靠一种很小的蜂鸟传粉才能结实。广州有栽培。由于华南地区没有那种蜂鸟，故必须靠人工授粉才能结实。鹤望兰喜光照充足和温暖湿润的气候，怕霜冻，中国华南地区可露地栽培，靠分株繁殖。把植株基部生出的萌蘖株切开分出，在切口处涂上草木灰以防腐烂就可移植，种植时不宜种得过深，以免影响新芽生长。

"植物界的老寿星" 百岁兰

百岁兰，是生长于沙漠地区的一种裸子植物，以其能适应极端气候和防沙固土的特点而闻名。其一生只长两片叶子，但每一片叶子都可以活百年甚至千年时间，所以叫百岁兰，又称为"活化石"，是植物界的老寿星。

百岁兰是奥地利植物学家 Friedrich Welwitsch 在 1860 年发现于安哥拉南部纳米比沙漠中。它是一种十分奇妙怪异的植物，生长于条件非常恶劣，年降雨量少于 25 毫米，加上来自海边的雾气也只能相当于 50 毫米的地区。最老的百岁兰年龄估计是 1500～2000 岁。这些植株能够忍耐极为恶劣的环境。大部分百岁兰生长于距离海岸 80 公里的多雾区域，据此估计雾气是它们水分的主要来源。

百岁兰跟其他植物的亲缘关系还有待研究。它仅仅分布在纳米比沙漠。纳米比沙漠是世界上最古老的沙漠，而百岁兰分布在这个沙漠从纳米比亚西部沿海到安哥拉西南部一个狭长的，极其干燥的地段。这种植物像一个木质化的胡萝卜，茎纤维质，具有粗大显著多皱褶的表皮。不均匀的生长使其茎部怪异地扭曲，而从茎部可以进行光合作用的组织长出两片带状的叶。大的植株距离地面最高的部位可达 1.5 米。这些植株的根可深达 30 米。

百岁兰的树干非常短矮而粗壮，呈倒圆锥状，高很少超过 50 厘米，而直径可达 1.2 米，具有极长而粗壮、深达地下水位的主根；树干上端或多或少成二浅裂，沿裂边各具一枚巨大的革质叶片，叶片长带状，具多数平行脉，长达 2～3.5 米，宽约 60 厘米，叶之基部可继续生长，叶的顶部则逐渐枯萎，常破裂至基部而形成多条窄长带状，其寿命可达百年以上，故有百岁叶之称。球花

形成复杂分枝的总序，单性，异株，生于茎顶叶腋凹陷处，由多数交互对生、排列整齐而紧密的苞片所组成，苞片的腋部生一球花；雄球花有两对假花被，具6枚基部合生的雄蕊，中央有一个不发育的胚珠；雌球花有两枚假花被成管状，胚珠的珠被伸长成珠孔管。种子具内胚乳和外胚乳，子叶2枚，萌发后可保存2～3年。百岁叶的叶具明显的旱生结构，气孔为复唇形，是沙漠中难能生成的矮壮木本植物，能固沙保土。其次生木质部除管胞外，还有导管。

百岁兰是雌雄异株的，雌株有大的雌球果，雄株有雄花，每一雄花有6枚雄蕊。花粉传递靠风，不过还有一种很小的昆虫也有传粉作用。一般的雌株可以结60～100个雌球果，种子可以达到10 000粒。种子有纸状翼，散播靠强风。这些种子大部分不会发芽，因为假设有50%是有活性的，这其中还会有80%被真菌感染。估计不到万分之一的种子会发芽并且长大成株。过分潮湿会使种子不发芽并散发出恶臭。

百岁兰的分布范围极其狭窄，只分布于安哥拉及非洲热带东南部，生于气候炎热和极为干旱的多石沙漠、枯竭的河床或沿海岸的沙漠上。它也是远古时代留下来的一种植物"活化石"，非常珍贵。

香 果 树

香果树是中国特产。起源于距今约1亿年的中生代白垩纪。最初发现于湖北西部的宜昌地区海拔670～1340米的森林中。英国植物学家威尔逊在他的《华西植物志》中，把香果树誉为"中国森林中最美丽动人的树"。中国已把它列为国家二级重点保护植物。香果树为茜草科落叶大乔木，古老孑遗植物，中国特有单种属珍稀树种香果树是落叶乔木。叶对生有柄，厚纸质，高可达30米；树皮呈小片状剥落；小枝有皮孔和托叶环；叶片宽椭圆形或宽卵状椭圆形，全缘；托叶三角状卵形，早落。聚伞花序排成顶生的圆锥花序状；花大，淡黄色，有柄；花萼小，5裂，裂片三角状卵形，脱落性，在一花序中，有些花的萼裂片的1片扩大成叶状，白色而显著，结实后仍宿存；花冠漏斗状，有绒毛，顶端5裂，裂片覆瓦状排列；雄蕊5枚，与花冠裂片互生；子房2室，花柱线形，柱头全缘或2裂，胚珠多数。蒴果长椭圆形，两端稍尖，成熟后裂成2瓣；种子极多，细小，周围有不规则的膜质网状翅。

香果树，分布于江苏南部、安徽东南部和西南部、浙江东南部和西部、福建北部和中部、江西东部和西部、湖南西南部和西北部、湖北西部和西南部、四川东部和中南部、河南南部、陕西南部、甘肃东南部、广西东北部和西北部、贵州东北部和西南部、云南东南部和西北部。在神农架林区主产于南部海拔600~1400米的山坡或山沟边林中。板仑电站后山腰海拔1050米处有一株香果树，高约28米，胸径186厘米，树龄约300年，是神农架山地和湖北省目前发现的最大香果树。香果树姿态优美，花色艳丽，也是很好的观赏植物。香果树喜温和或凉爽的气候和湿润肥沃的土壤。分布区内年平均气温18~22℃，在庐山能耐极端最低温-15℃，年降水量为1000~2000毫米，一般集中于5~8月，相对湿度为70%~85%。土壤为山地黄壤或沙质黄棕壤，pH值5~6。通常散生在以壳斗科（Fagaceae）为主的常绿阔叶林中，或生于常绿、落叶阔叶混交林内。香果树为偏阳性树种，但幼苗和10龄以内的幼树能耐荫蔽，10龄以上多不耐阴，一般在30龄以上的壮龄树才能开花结实。7~9月开花，果实10~11月成熟；种子有翅，借风力传播。

箭 毒 树

箭毒木高达30米；具乳白色树液，树皮灰色，具泡沫状凸起。叶互生，长椭圆形，长9～19厘米，宽4～6厘米，基部圆或心形，不对称；叶背和小枝常有毛，边缘有时有锯齿状裂片。雄花序头状，花黄色。果肉质，梨形，紫黑色，味极苦，直径3～5厘米。花期春夏季，果期秋季。箭毒木为桑科常绿大乔木，又名加独树、加布、剪刀树等，树干基部粗大，具有板根。

箭毒木的乳白色汁液含有剧毒，一经接触人畜伤口，即可使中毒者心脏停搏（心率失常导致），血管封闭，血液凝固，以至窒息死亡，所以人们又称它为"见血封喉"。现为濒临灭绝的稀有树种，国家二级保护植物。

见血封喉，树型高大，枝叶四季常青，树汁有剧毒，是自然界中毒性最大的乔木，有"林中毒王"之称。生长在西双版纳海拔1000米以下的常绿林中，是一种剧毒植物和药用植物。当地少数民族在历史上曾将见血封喉的枝叶、树皮等捣烂取其汁液涂在箭头，射猎野兽。据说，凡被射中的野兽，上坡的跑七步，下坡的跑八步，平路的跑九步就必死无疑，当地人称为"七上八下九不活"。据分析，见血封喉植物的主要成分具有强心、加速心律、增加血液输出量的功能，是一种有较好开发前景的药用植物。

半 日 花

　　半日花是半日花科的一种半灌木或灌木，稀有一年生或多年生草本子遗植物。全世界约有8属200种，多分布于地中海沿岸。中国内蒙古、新疆有2种分布，分别是新疆半日花和内蒙古半日花，被国家列为二级保护植物。

　　半日花为矮小灌木，高5~12厘米，丛幅约20厘米，常呈垫状并形成结构紧密的灰绿色团状植丛，根系发达，根冠比大于415。开花结果时间随降雨时间而定，若降雨及时，则可从4月底至9月初整个生长季开花，果实不断成熟脱落，无固定的果期。在生态生物学特性方面对干旱环境的适应特点是通过减少叶面积、降低蒸腾、减缓新陈代谢等活动来抵御干旱、高温的自然环境。半日花虽为直根系植物，主根粗壮，但侧根也很发达，且数量多。种子萌发后，地下生长速度为地上生长速度的10~14倍。根外的树皮较厚，可保证在土壤干旱时不失水，同时可防止土壤表层沙粒高温灼伤根部。

　　半日花多分布于荒漠区强烈的石砾质山麓和剥蚀残丘的干燥阳坡上，具有强石质化生境特点，呈岛状残遗分布，作为一种适应于严酷生境的特殊观赏植物，具有一定的园艺价值，也可作为干燥石质荒山的绿化植物种。李新荣认为其最适宜气候生态引种区在鄂尔多斯高原及周边地区的乌海、伊克乌素、陶乐、杭锦旗、鄂托克旗、石嘴山和吉拉乡，这些地区的气候条件和半日花的天然分布区较为相似，是半日花引种栽培较易成功的地区，即半日花迁地保护最理想的地区、最可能的潜在分布区。李爱得、刘生龙等从乌海引入种子于4月中旬在甘肃民勤沙生植物园试种成功。野生半日花种子饱满，千粒重为118.128千克，无休眠期，春、夏季均可播种，直接干播或用35~40℃水浸种24~36小

时。两种方法对发芽均无明显影响。

半日花是亚洲中部荒漠的特有种，对研究亚洲中部，特别是研究中国荒漠植物区系的起源以及与地中海植物区系的联系有重要的科学价值。所以加强对珍稀濒危植物半日花的研究和保护具有重要意义。

黄 山 梅

黄山梅为多年生草本植物，高约 1 米；茎无毛，带紫色。单叶对生，圆心形，长、宽各 10～20 厘米，掌状分裂，边缘具粗锯齿，两面有伏毛；叶柄较长，在茎上部的较短或无柄。聚伞花序生于上部叶腋及茎端，常具 3 花；花两性，黄色，直径 4～5 厘米，花梗稍弯曲而多少俯垂；萼筒半球形，裂片 5 枚，三角形；花瓣 5 枚，长圆状倒卵形或近狭倒卵形，长约 3 厘米；雄蕊 15 枚，排成 3 轮，不等长；子房半下位，通常 3～4 室，每室胚珠多数，花柱 3～4 枚，丝状，长约 2 厘米。蒴果宽椭圆形或近球形，直径约 1.3 厘米，花柱宿存；种子扁平，周围具斜翅。

黄山梅为阴性草木，不耐强光照射，喜温凉、湿润、富含有机质的酸性黄棕壤的生境，常在落叶阔叶林下阴湿之地呈小片生长。分布区年平均气温约 7.7℃，1 月平均气温 -3.4℃，7 月平均气温 17.8℃，年降水量约 2000 毫米，

相对湿度约 90%。

黄山梅为单种属植物，是黄山梅亚科（Kirengeshomoideae）唯一的代表种，也是在中国、日本间断分布的典型种类。黄山梅为稀有物种，仅见于安徽、浙江两省毗邻山区。由于森林砍伐，生境破坏以及挖根入药等原因，致使植株日益减少，已处于濒临状态。黄山梅对于阐明虎耳草科的种系演化以及中国和日本植物区系的关系，均有科研价值。

光 叶 蕨

光叶蕨，国家一级重点保护野生植物。光叶蕨叶基部为禾秆色，光滑，上面有一条纵沟直达叶轴；叶片长 30~35 厘米，宽 5~8 厘米，披针形，向两端渐变狭，二回羽裂；羽片 30 对左右，近对生，平展，无柄，下部多对向下逐渐缩短，基部 1 对最小，长 6~12 柄，三角状犷，钝头；中部羽片长 2.5~4 厘米，宽 8~10 毫米，披针形，渐尖头，基部不对称，上侧较下侧为宽，截形，与叶并行，下侧楔形，羽状深裂达羽轴两侧的狭翅；裂片 10 对左右，长圆形，钝头，顶缘有疏圆齿，或两侧略反卷而为全缘；叶脉在裂片上羽状，3~5 对，上先出，斜向上；叶坚纸质，干时褐绿色，光滑。孢子囊群圆形，仅生于裂片基部的上侧小脉，每裂片一枚，沿羽两侧各一行，靠近羽轴，通常羽轴下侧下部的裂片不育；囊群盖扁圆形，灰绿色，薄膜质，半下位，老明消失；孢子卵圆形，不透明，表面被刺状纹饰。

光叶蕨属于蹄盖蕨科，拉丁学名 Cystoathyriumchinense。多年生草本植物，植株高约 40 厘米。分布区属四川盆地西缘，"华西雨屋"的中心地带，气候终年潮湿多雾，主要植被类型为亚热带山地常绿与落叶阔叶混交林。土壤为山地黄壤

及山地黄棕壤，年降水量是 1800 ~ 2000 毫米，pH 值 4.5 ~ 5.5。多生长于阴坡林下，晚春发叶，7 ~ 8 月形成孢子囊，9 月成熟。

光叶蕨现状濒危。由于过去盘山路的修建而破坏了其种群，可能已野外灭绝。该种仅极少数存于灌丛下，陷于绝灭境地。

膝 柄 木

膝柄木是半常绿乔木，高 13 米，胸径 60 厘米；树皮黄褐色，有发达的板状根；小枝粗壮；芽圆锥形，芽鳞 2 ~ 3 枚，三角状卵形，长 5 ~ 8 毫米。叶薄革质，长圆形或长圆状披针形，长 9 ~ 17 厘米，宽 3 ~ 6 厘米，先端渐尖，基部近圆形，侧脉 11 ~ 14 对，脉细密成格状；叶柄长 1.5 ~ 3 厘米；脱叶早落。总状花序生于枝梢叶腋，长 2 ~ 3 厘米；花淡白色，花梗长 2 毫米；萼片 5 枚，披针形，长 1.5 毫米；花瓣 5 枚，长圆形，长 2 毫米，着生于花盘外围；花盘环形，具密而细小乳状突起；雄蕊 5 枚，长 2 毫米；子房球形，顶端具有一丛长毛，花柱 2 裂，长 0.8 毫米。蒴果长卵圆形，长 2.5 ~ 2.8 厘米，先端略尖，果瓣薄革质；种子 1 枚，长约 2 厘米，种皮黑褐色，有光泽，假种皮红色，肉质，全部或近全部包着种子，干后黄褐色。

膝柄木现仅存 10 株，濒危种，国家一级保护植物。我国仅此一种。广西西南部发现的膝柄木是该属分布最北的种类。对研究我国种子植物区系地理及其热带亲缘具有重要的科学价值。

金 花 茶

20世纪60年代初期，我国科学工作者在我国广西的深山幽谷中首次发现一种金黄色的茶花，它带有芳香气味，真可谓色香兼备，被命名为"金花茶"。山茶花是我国特产的传统名花，也是世界名贵观赏植物。据说世界上已知的茶花有220种，就其色彩而言，有乳白、嫣红、浅绿和紫色等等，就是没有黄色的。国外育种学家曾千方百计用人工方法培育黄色品种的茶花，都没有成功。金花茶的发现，轰动了全球园艺界、新闻界，受到国内外园艺学家们的高度重视，专家认为它是培育金黄色山茶花的优良品种。此品种山茶花极其珍贵。金花茶喜欢温暖湿润的气候环境，生长在土壤疏松、排水良好的阴坡溪沟附近。由于它的自然分布范围极其狭窄，只能生长在广西南宁邕宁县海拔100~200米的低山丘陵地区，数量也很有限，现已被列为国家一级保护植物。

金花茶的生长习性

金花茶为山茶科常绿灌木，高2~5米。树皮浅灰黄色，枝条生长较为稀

疏。叶色深绿，叶片质地如皮革，长圆形，先端有尖，叶缘微有反卷和细锯齿。隆冬11月，正是金花茶开花的时节，它的花期很长，可延续至第二年的2月份。盛开时，只见金黄色的花朵在绿叶掩映下，显得亮丽非凡，片片蜡质的花瓣晶莹润泽，仿佛刚被晨露洗过一样。花苞未开时亭亭玉立，盛开时含羞俯垂，好似一位待嫁的新娘，娇艳多姿。金花茶的果实为蒴果，内有黑褐色的种子。在我国广西南宁山区发现了金花茶后，近年又发现了十几种金花茶，如平果金花茶、东兴金花茶、显脉金花茶等，都是稀有的黄色茶花品种，均被列为国家级保护植物。

金花茶的经济价值

金花茶的木材质地坚硬，结构致密，是做雕刻及工艺品的极好材料。其花除观赏外，还能入药，可治疗便血和妇女月经过多。还能提制天然的食用染料。叶子除泡茶做饮料外，还能治疗痢疾和烂疮。此外，其种子还可榨油、食用或做工业润滑油及其他溶剂的原料。为了使金花茶这一国宝繁衍生息，我国园艺工作者正通力合作，进行杂交选育实验，以培育出更加优良的品种。在我国昆明、杭州、上海等地已有引种栽培，具有较高的经济价值。

星 叶 草

一年生小草本，茎细弱，高3～10厘米，根直伸，支根纤细。子叶线形或披针状线形，无毛，叶纸质，菱状倒卵形、匙形或楔形，边缘上部有小齿，花小，两性，单生于叶腋，种子含丰富胚乳。花期5～6月，果期7～9月。

星叶草具有独特的性状，其叶脉为开放式的二叉状分枝脉序，特别是远轴盲脉末端的形态结构特征，使其明显地有别于毛茛科的其他属，故有人主张将其另立为星叶草科。因此，保护好星叶草，对进一步研究被子植物系统演化问题具有一定的科学价值。星叶草喜阴湿，要求散射光和潮湿的生境，凡阳光直接照射处，不见其分布，这种特殊生境一旦被破坏，极难生长。因它分泌一种特殊气味，影响其周围植物的生长，故在林下或局部小环境中往往形成单优群落。有时，一些湿生植物，如黄水枝、细弱荨麻和囊吾等也可与其伴生。

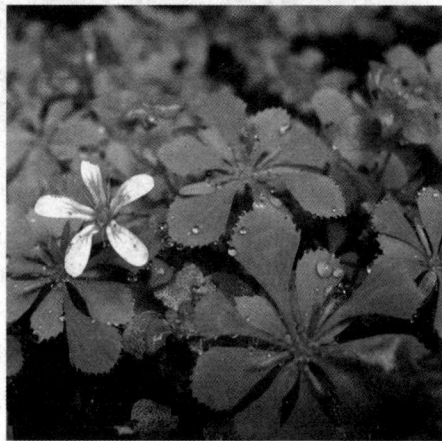

星叶草零星分布于陕西南部太白山、佛坪、周至，甘肃中部肃南至东南部榆中、天水、夏河、临潭、岷县、康县、舟曲、文县，青海南部班玛、玉树、囊谦、杂多，四川北部南坪、色达、德格、金川、道孚、康定、泸定、稻城、乡城、木里，云南西北部德钦、贡山、中甸、丽江、东北部绥江、大关、昭通及中部景东，西藏东部类乌齐、察隅、波密、林芝、工布江达、郎县和新疆拜城托木尔峰等地。

铁 锤 兰

铁锤兰是一种兰科植物。该名称是指铁锤兰的形状以及它所移动的方式，就像锤子一样。其颜色和味道均像是生肉。铁锤兰是兰科植物中一种濒临灭绝的物种，土生土长于澳大利亚。

　　铁锤兰的授粉方式十分独特，仅靠雄性胡蜂授粉。雌性胡蜂不会飞，它们在茎干上守株待兔，恭候雄性胡蜂大驾光临，带自己远走高飞。它们随后会在飞行途中交配。诡计多端的铁锤兰会装作雌性胡蜂的样子，因为铁锤兰的唇瓣在颜色和结构上类似于雌性胡蜂的腹部。另外，铁锤兰还可以产生一种信息素，同雌性胡蜂生成的信息素极为相似。雌性胡蜂生成信息素的目的是吸引雄性胡蜂。当雄性胡蜂被铁锤兰释放的信息素及其形状所吸引时，它将尽力采集铁锤兰的唇瓣后飞走，这种做法会使擎着唇瓣的茎干向后方移动，上述行为反之又会使雄性胡蜂的胸部同黏黏的花粉包产生接触。雄性胡蜂会厌倦于这种飞来飞去的生活。为了使铁锤兰成功授粉，雄性胡蜂必须被另一株铁锤兰蒙蔽，后者将经历一番相同的程序。

　　不过，这一次，铁锤兰的花粉储存在它的柱头里，这种共生现象并非互惠互利，因为胡蜂虽为铁锤兰授粉，却从后者那儿一无所获。这种方式，或者被当成傻子骗来骗去的做法，在铁锤兰授粉过程中并非屡试不爽，因为雄性胡蜂有时并不会被上述小伎俩所迷惑。

莼　菜

　　莼菜，属睡莲科的一种水草，国家一级重点保护野生植物（国务院 1999 年 8 月 4 日批准）。中国黄河以南、湖北西部利川及重庆市石柱县所有沼泽池塘都有生长，江苏的太湖，苏北的高宝湖，尤其以重庆市石柱县黄水镇，杭州的西湖和雷波县的马湖，湖北省利川等地生产的莼菜闻名于世。

莼菜或作菁菜，又名蓴菜、马蹄菜、湖菜等，多年生宿根水生草本植物。鲜美滑嫩，为珍贵蔬菜之一。古人所谓"莼鲈风味"中的"莼"，就是指的这个菜，亦作药用。莼菜含有丰富的胶质蛋白、碳水化合物、脂肪、多种维生素和矿物质，常食莼菜具有药食两用的保健作用，正合《黄帝内经》中药食同源的理念。主产于浙江、江苏两省太湖流域，湖北省西部利川市境内，4月下旬至10月下旬采摘带有卷叶的嫩梢。

相传乾隆帝下江南，每到杭州都必以莼菜调羹进餐，并派人定期运回宫廷食用。它鲜嫩滑腻，用来调羹做汤，清香浓郁，被视为宴席上的珍贵食品。莼菜的黏液质含有多种营养物质及多缩戊糖，有较好的清热解毒作用，能抑制细菌的生长，食之清胃火，泻肠热，捣烂外敷可治痈疽疔疮。莼菜黏液中的多糖，对实验动物某些肿瘤有抑制作用，将加入癌瘤毒遗传基因的 B 淋巴细胞和致癌物一起培养后，再把莼菜中的成分掺入，结果发现其对癌瘤毒的活化性有较强的抑制作用。

"栋梁之材" 楠木

楠木是我国的珍贵树种，国家二级保护植物，素以材质优良闻名国内外。楠木的主要产地在四川、贵州、湖南、广西等省区，广东也有栽培。它是耐阴树种，适生于气候温暖湿润、土壤肥沃的地方。楠木为樟科的常绿乔木，高达40 米，胸高直径达 1.5 米，树干正直。树皮灰白色带褐色，有浅的不规则纵裂，小枝有毛。它的叶较硬，窄椭圆形、倒披针形或倒卵状椭圆形，它的花淡黄白色，排成腋生的圆锥花序。

楠木为深根性树木，主根入土很深，不易被风吹倒，它在幼年期，顶芽生长旺盛，顶端优势明显，主干笔直苗壮，侧枝较细而且较短，及至壮年期侧枝逐渐伸长扩展。楠木的木材黄褐色略带浅绿，有香气，木质结构细致，不太重，干后不变形，易加工，加工后纹理光滑美丽，为上等建筑用材，由于其树干平整正直，又经久耐用，可作良好的栋梁之材。也是做家具、雕刻、精密木模、漆器和胶合板面的良材。楠木生长较慢，如果任人砍伐，不加保护，则有绝种的危险，因此大力营造人工林，是保存这个珍贵树种的必要措施。

现存 6 株的滇桐

滇桐，椴树科滇桐属常绿大乔木，濒危种，高 6～20 米；嫩枝无毛，顶芽有灰白色毛。叶纸质，椭圆形，长 10～20 厘米，宽 5～11 厘米，先端急短尖，基部圆形，上面干后暗绿色，不发亮，无毛，下面同色，秃净，基出脉 3 条，两侧脉离边缘 8～10 毫米，上行不过半，中脉有侧脉 5～7 对，边缘有小齿突；叶柄长 1.5～5 厘米。

聚伞花序腋生，长约 3 厘米，有花 2～5 朵；花柄有节；萼片 5 片，长圆形，长约 2 厘米，外面被毛；花瓣缺少轮雄蕊退化，10 枚，内轮能育雄蕊 20 枚，比萼片短；子房无毛，5 室，每室有胚珠 6 颗，花柱 5 枚。具翅蒴果椭圆形，长 3.5 厘米，宽 2.5～3 厘米，翅薄，膜质，5 棱；种子长约 1 厘米。

零星分布于云南及贵州局部地区海拔 500～1000 米以上山地林中。能适应石隙环境，主要生长在石灰岩季雨林或半常绿季雨林中，为偶见种，花期7月，果期10~11月。

滇桐现仅存6株，国家二级保护植物。为我国西南特有种，也是滇桐属这一寡种属的主要树种之一，在区系地理研究和选育珍贵树种应用中均有重要价值。

东 方 杉

东方杉原产于墨西哥、危地马拉及美国西南部。在中国主要分布在上海浦东新区的川沙林场、洋泾苗圃、川杨河沿岸，松江区的新桥镇新界苗圃、醉白池公园，金山区的海滨公园、荟萃园、金山石化总厂热电厂等地。此外，江苏、湖北等地也有零星分布。其中，川沙林场的东方杉林是当前世界上已知的、最大的该树种林地，具有极高的保护和开发利用价值，目前该林地已被列为"上海市种质资源保护林"。东方杉拥有很高的生态、景观和实用经济价值。它完全能够在我国中东部沿海地区和长江中下游的城乡广泛栽培，成为城市绿化与农村大地园林化的生力军，也可成为沿海地区抗击台风的新秀。

东方杉的落叶期在1月中旬至3月上旬，时间1个半月至2个月，景观效果优于水杉、池杉和落羽杉等杉科树种，特别是在11月以后，这些杉科树种均已落叶，但东方杉仍然郁郁葱葱，成为一道独特的风景线。东方杉枝条韧性强，树形优美，树冠有圆锥形、椭圆球形、梨形和圆柱形等多种类型，挡风、抗风效果明显优于水杉、池杉和落羽杉。东方杉具有速生性，生长量显著大于水杉、池杉和落羽杉。川沙林场单排种植的25年树龄的东方杉，平均胸径为43.28厘米，而同龄的水杉的平均胸径只有 30 厘米，在 1984 年浦东新区的川杨河畔同期种植的水杉和东方杉，对比更加明显，水杉的平均胸径是 19.15 厘米，而东方杉的平均胸径已达到 30.44 厘米。

1962 年我国著名林木育种家南京林产工学院的叶培忠教授用柳杉花粉对南京工学院内的墨西哥落羽杉（1925 年引种至我国）进行授粉杂交，得球果 3 个，播种后出苗 12 株。1967 年从中选出 5 株，用于繁殖。到 1972 年经连年嫩枝扦插繁殖，共育苗 6000 余株，并开始在全国各地试种。因种种原因，除上海保存两千多棵东方杉之外，全国各地保存下来的东方杉可能总计不足 300 株。上海在 20 世纪 70 年代引进东方杉以后，对该树种进行了长期的、多方面的连续研究，包括繁殖、营林栽培、不同立地条件下的推广，在种性特性及生态价值等方面，为东方杉的推广应用提供了技术支撑。

坡 垒

坡垒属龙脑香科坡垒属常绿乔木，又名海南柯比木。坡垒属约 90 余种，分布在印度、马来西亚和中南半岛等地。中国有 6 种，本种是海南岛特有珍贵用材树种。木材结构致密，纹理交错，质坚重，干后少开裂，不变形，材色棕褐，油润美观，特别耐浸渍，耐日晒，耐虫蛀，埋于地下可达 40 年而不朽。为极其珍贵的工业用材，可供造船、水工、码头、桥梁、家具、建筑等用。淡黄色树脂可供药用和作油漆原料。

树高可达 25~30 米，胸径 50~85 厘米。树干通直。树皮暗褐色，纵裂块脱落。小枝被灰色腺状短毛。叶互生，革质暗绿色，椭圆形，叶柄有皱纹。圆锥花序顶生或腋生，花小，单侧着生。坚果卵形，宿存的萼翅 5 片，其中 2 片最大。分布于海南省山区，以昌江的霸王岭、乐东的尖峰岭林区较为集中。垂直分布在海拔 400 ~ 800 米的山谷及东南坡面，也沿山谷下延至海拔 300 米的沟旁。20 世纪 60 年代北移引种至广东、广西、福建、云南南部，生长正常。坡垒为较耐阴树种。喜生于温暖、湿润、静风的山谷雨林环境。分布区年平均温度 20 ~ 23℃，最热月平均气温 26℃，最冷月平均气温 15.5 ~ 17.5℃，年平均雨量 1500 ~ 2600 毫米。对土壤要求不严，在花岗岩母质发育的黄红色砖红壤和山地砖红壤、黄壤以及土层浅薄而岩石裸露的地方均能正常生长。自然生长缓慢。8 ~ 9 月开花，翌年 3 ~ 4 月果实成熟。种子易于脱落飞散，宜及时采种。每千克种子 1600 ~ 1900 粒。新鲜种子发芽率可达 90% 以上。但发芽力极易丧失，宜随采随播。2 ~ 3 年生裸根苗（高 50 ~ 100 厘米）或 1 年生容器苗，即可出圃造林。株行距 2 米×3 米。侧方可栽植伴生豆科庇荫树，以促进幼林生长。

坡垒是海南岛特有的热带雨林树种，多呈零散分布。由于森林被大面积的砍伐，现存大树只有数百余株。目前已被列为禁伐树种进行保护，并有小面积试种，生长良好。

坡垒集中分布区坝王岭和尖峰岭也建立了自然保护区，并开展了繁殖造林试验。真正的热带雨林在我国只在海南岛和云南南部少数地区存在，龙脑香科的树木成为判断是否为热带雨林的指示植物。坡垒就是产于海南岛的龙脑香科植物，它是海南岛热带雨林的代表种。由于本种仅在海南岛少数地区有分布，且目前现有大树仅数百株。为了保护好如此重要植物，它被定为国家一级保护植物。

独一无二的普陀鹅耳枥

享有"海天佛国"盛名的普陀山，不仅以众多的古刹闻名于世，而且是古树名木的荟萃之地。在普陀山慧济寺西侧的山坡上生长着一株称作普陀鹅耳枥的树木。这种树木在整个地球上只生长在普陀山，可见，它有多么珍贵！因此被列为国家重点保护植物。

普陀鹅耳枥属落叶乔木，高达 14 米，胸径 70 厘米。雌雄同株。雄花序短于雌花序。1930 年钟观光教授在浙江普陀山海拔 240 米处发现，1932 年郑万钧教授鉴定并定名为普陀鹅耳枥。鹅耳枥生长于海拔 240 米的陵上坡林缘。具有耐阴、耐旱、抗风等特性。雄、雌花于 4 月上旬开放，果实于 9 月底至 10 月初成熟。为中国特有珍稀植物，在保存物种和自然景观方面都有重要意义。是国家一级保护濒危种。

紫 椴

紫椴，落叶乔木，高可达 20～30 米。树皮暗灰色，纵裂，成片状剥落；小枝黄褐色或红褐色。呈"之"字形，皮孔微凹起，明显。喜光也稍耐阴。

幼苗幼树较耐阴；深根性树种；喜温凉、湿润气候，常单株散生于红松阔叶混交林内，垂直分布在海拔 800 米以下地区；对土壤要求比较严格，喜肥、喜排水良好的湿润土壤，多生长在山的中部、下部，土壤为沙质壤土或壤土，尤其在土层深厚、排水良好的沙壤土上生长最好；不耐水湿和沼泽地；耐寒，萌蘖性强，抗烟、抗毒性强，虫害少。叶阔卵形或近圆形，长 3.5 ~ 8 厘米，宽 3.5 ~ 7.5 厘米，生于萌枝上者更大，基部心形，先端尾状尖，边缘具整齐的粗尖锯齿，齿先端向内弯曲，偶具 1 ~ 3 裂片，表面暗绿色，无毛，背面淡绿色，仅脉腋处簇生褐色毛；叶具柄，柄长 2.5 ~ 4 厘米，无毛。聚伞花序长 4 ~ 8 厘米，花序分枝无毛，苞片倒披针形或匙形，长 4 ~ 5 厘米，无毛具短柄；萼片 5 枚，两面被疏短毛，里面较密；花瓣 5 枚，黄白色，无毛；雄蕊多数，无退化雄蕊；子房球形，被淡黄色短绒毛，柱头 5 裂。果球形或椭圆形，直径 0.5 ~ 0.7 厘米，被褐色短毛，具 1 ~ 3 粒种子。种子褐色，倒卵形，长约 0.5 厘米。花期 6 ~ 7 月，果熟 9 月。

木材黄褐或黄红褐色，心边材区别多不明显。有光泽，微有油臭气味，无特殊滋味。生长轮略明显，轮间呈浅色细线；散孔材；宽度均匀。管孔数多；略小，在放大镜下略明显；大小一致，分布均匀；径列或斜列，间或散生；侵填体未见。薄壁组织通常不见。木射线稀至中；极细至中，在肉眼下可见，比管孔小；径切面上射线斑纹明显。波痕显著，无胞间道。木材纹理直，结构甚细而匀，干缩中，强度高，冲击韧性好。木材气干速度快，人工干燥少有缺陷产生，干后性质稳定；耐腐，抗虫蛀；切削等加工容易，纵切面颇光滑；油漆性能中，不发亮；握钉力好，不劈裂，耐磨。

"树中之象"海椰子

海椰子亦称复椰子、海底椰，是塞舌尔普拉兰岛及库瑞岛的一种特有棕榈，树高 20～30 米；树叶呈扇形，宽 2 米，长可达 7 米，最大的叶子面积可达 27 平方米，活像大象的两只大耳。由于整棵树庞大无比，所以也被称为"树中之象"。花着生于巨大的肉质穗状花序上，雌雄异株。果实被一肉质而多纤维的外皮，里面坚果状的部分通常 2 瓣，似两个椰子，可食但商业价值不高。是已知最大的果实，约需 10 年才成熟。

海椰子树是一种富有神秘色彩的树种。这种树雌雄异株，一高一低相对而立，合抱或并排生长。有趣的是如果雌雄中一株被砍，另一株便会"殉情"枯死，因此塞舌尔居民称它们为"爱情之树"。更奇特的是，海椰子树不仅树分雌雄，果实也有雌雄之分。雄的果实呈微弯曲的长棒状，长 1 米多，粗约 20 厘米，近似男人的生殖器；雌的果实呈椭圆状，近似女人的臀部。

雄树高大，雌树娇小，生长速度都极为缓慢，从幼株到成年需要 25 年的时间。雄树每次只花开一朵，花长 1 米有余。雌株的花朵要在受粉两年后才能结出小果实，待果实成熟又得等上七八年时间。

一棵海椰子树的寿命长达千余年，可连续结果 850 多年。海椰子的坚果是一种复椰子，好像是合生在一起的两瓣椰子，因此，塞舌尔人将其誉为"爱情之果"。

海椰子果内的果汁稠浓至胶状，味道香醇，可食亦可酿酒，果肉熬汤服用，可治疗久咳不止，并有止血的功效。海椰子果肉细白，美味可口，滋阴壮阳，还能治疗中风、精神烦躁等症。海椰子的椰壳经雕刻镶嵌，可作装饰品。

世界上最粗的树——猴面包树

在非洲东部的热带草原上，生长着一种很特别的植物，叫做猴面包树。它高不过20米，但树干很粗，最粗的树干的直径超过12米，要20个人手拉手才能把它围绕一周。估计这棵猴面包树的树龄达5150年以上，是世界上最粗的树。

猴面包树为木棉科的落叶乔木，叶为掌状复叶，有小叶3～7片，叶柄长10～12厘米，小叶长圆形，长7.5～12.5厘米，顶端渐尖，叶背有毛，花白色，单生于叶腋，直径12～15厘米，有花瓣5片，果木质，长圆形，长10～30厘米，外形与黄瓜相似，果肉多汁，可食用。每当猴面包树的果实成熟时，猴子就成群结队前来，爬上树去摘果吃，因此人们把它叫做猴面包树。

猴面包树生长在干旱的热带地区，在这里，一年之中有八九个月是干旱季节。当旱季来临之时，它的树叶会全部摔落，以减少水分的散失；一到雨季，它靠发达的根系大量吸收水分，这时才出叶、开花。它把吸收到的水储存在树干里，维持长年的生长发育。它的树干虽然很粗，却很疏松，便于储水。它的枝条较多，有广阔的树冠。

桫 椤

桫椤树属蕨类植物。茎直立，高 1~6 米。胸径 10~20 厘米，上部有残存的叶柄，向下密被交织的不定根。叶螺旋状排列于茎顶端；茎端和拳卷叶以及叶柄的基部密被鳞片和糠秕状鳞毛，鳞片暗棕色，有光泽，狭披针形，先端呈褐棕色刚毛状，两侧具窄而色淡的啮蚀状薄边；叶柄长 30~50 厘米，通常棕色或上面较淡，边同时轴和羽轴具刺状突起，背面两侧各具一条不连续的皮孔线，向上延至叶；叶片大，长矩圆形，长 1~2 米，宽 0.4~0.5 米，三回羽状深裂；羽片 17~20 对，互生，基部一对缩短，长约 30 厘米，中部羽片长 40~50 厘米，宽 14~18 厘米，长矩圆形，二回羽状深裂；小羽片 18~20 对，基部小羽片稍缩短，中部的长 9~12 厘米，宽 1.2~1.6 厘米，披针形，先端渐尖而具长尾，基部宽楔形，无柄或具短柄，羽状深裂；裂片 18~20 对，斜展，基部裂片稍缩短，中部弧长约 7 毫米，宽约 4 毫米，镰状披针形，短尖头，边缘具钝齿；叶脉在裂片上羽状分叉，基部下小脉出自中脉的基部；叶纸质，干后绿色，羽轴、小羽轴和中脉上面被糙硬毛，下面被灰白色小鳞片。孢子囊群着生侧脉分叉处，造近中脉，有隔丝，囊托突起，囊群盖球形，膜质。是现存唯一的木本蕨类植物，极其珍贵，堪称国宝，被众多国家列为一级保护的濒危植物。隶属于较原始的维管束植物—蕨类植物门桫椤科。桫椤是古老蕨类家族的后裔，可制作成工艺品和中药，还是一种很好的庭园观赏树木。

桫椤喜生长在山沟的潮湿坡地和溪边的阳光充足的地方，常数十株或成百株构成优势群落，亦有散生在林缘灌丛之中。桫椤在我国分布很广，在北纬18.5°~30.5°。生长地的最北记录为四川邻水县，该地处四川盆地东部，属亚热带湿润季风气候，受地形影响，气候较同纬度的长江中下游地区偏高 2～4℃，具有冬暖、春旱、夏热、秋雨、湿度大、云雾多、日照少、干湿季节明显等特点。土壤多为酸性。

在距今约 1.8 亿万年前，桫椤曾是地球上最繁盛的植物，与恐龙一样，为"爬行动物"时代的两大标志。但经过漫长的地质变迁，地球上的桫椤大都罹难，只有极少数在被称为"避难所"的地方才能追寻到它的踪影。闽南侨乡南靖县乐主村旁，有一片亚热带雨林。它是中国最小的森林生态系自然保护区，为"世界上稀有的多层次季风性亚热带原始雨林"。在那里有世上珍稀植物桫椤。桫椤名列中国国家一类 8 种保护植物之首。

新西兰是桫椤产地之一，它也是新西兰的国花，被人们保护着。

由于森林植被覆盖面积缩小，现存分布区内生境趋向干燥，致使配子体生殖环节受到严重妨碍，林下幼株稀少。加之茎干可作药用和用来栽培附生兰类，致常被人砍伐，植株日益减少，有的分布点已消失，垂直分布的下限也随植被的缩小而上升。若不进行保护，将会导致分布区缩小，以至于灭绝。

在绿色植物王国里，蕨类植物是高等植物中较为低级的一个类群。在远古的地质时期，蕨类植物大都为高大的树木，后来由于大陆的变迁，多数被深埋地下变为煤炭。现今生存在地球上的大部分是较矮小的草本植物，只有极少数一些木本种类幸免于难，生活至今，桫椤便是其中的一种。桫椤又名树蕨，高可达 8 米。由于它是现今仅存的木本蕨类植物，极其珍贵，所以被国家列为一类重点保护植物。从外观上看，桫椤有些像椰子树，其树干为圆柱形，直立而挺拔，树顶上丛生着许多大而长的羽状复叶，向四方飘垂，如果把它的叶片反转过来，背面可以看到许多星星点点的孢子堆。孢子囊中长着许多孢子。桫椤是没有花的，当然也不结果实，没有种子，它就是靠这些孢子来繁衍后代的。

报春苣苔

　　报春苣苔，聚伞花序伞状，有 3~7 朵花；苞片 2 枚，狭卵形，被腺毛。花萼 5 深裂，裂片披针形，被褐色腺毛；花冠紫色，高脚碟状，长约 1.2 厘米，被短毛和腺毛，檐部 5 裂，裂片圆卵形，稍不等大；能育雄蕊 2 枚，着生于花冠筒近基部处，分生，花丝短；花药连着，长圆形，2 室极叉开，顶端汇合；退化雄蕊 3 枚；花盘由 2 近四方形腺体组成；子房狭卵形，被柔毛，侧膜胎座 2，环珠多数，花柱短，柱头浅 2 裂。葫果长椭圆球形。种子暗紫色，有密集小乳头状突起。它属多年生草本。叶均基生，有柄，叶片圆卵形，基部浅心形，边缘浅裂或浅波状，裂片三角形，两面被短柔毛，下面还被腺毛；叶柄两侧有波状翅。花葶与叶等长或稍短，被柔毛及腺毛。花期 8~10 月。单种属。花粉近球形，稍长或稍扁，极面观为三角形。3 孔沟，沟较长而狭，具沟膜，上有不规则颗粒状突起，边缘中部加厚；内孔小，界限常不明显。外壁厚度为 1 微米。分层不清楚，细网状纹饰。网脊粗；网眼很小。生于林下。海拔约 300 米。

　　报春苣苔是苦苣苔科多年生草本植物，因分布区极窄而被列为第一批国家一级重点保护野生植物。报春苣苔生于海拔约 300 米的石灰岩山洞口附近的植物群落中，

群落主要由一些耐阴湿植物组成，其伴生植物为苔藓。从洞口向里，植物种类越来越少。报春苣苔的数量却越来越多，植株个体越来越小，开花的比例也越来越少。洞口的报春苣苔种群呈均匀分布，深处则呈集聚分布，洞穴的壁顶的报春苣苔群落为单一种且呈集聚分布，报春苣苔需要偏碱性的硬质水才能生长。其生存土壤太薄且营养贫乏，pH 值为 7.5，有机质、全氮、全磷和全钾含量分别为 1.8%、0.87%、0.16% 和 0.71%，因而植物的生长极为缓慢，一般一株的年生长量为 30 克左右。报春苣苔分布点二氧化氮平均浓度为 0.09%，高于洞外约 2 倍。其相对湿度终年保持在 97% 左右。报春苣苔仅生于相对弱的光照环境下，且只在散射光线能到达的地方出现，大约只忍受正常光强的 1/4 以下。作为洞穴植物行列，其生态分布的限制因子是光源和特殊的大气环境。

报春苣苔被国家列入一级濒危植物行列，从 2003 年开始，华南植物园开始尝试用生物克隆技术培育报春苣苔，舍弃传统的种子培育方式而选用叶片培育。试验中，首先要把报春苣苔的叶片进行生物切割，之后进行脱毒处理，运用生物技术诱导其发芽、生根。实验过程中的诱导发芽环节技术并不难，最难当属诱导生根。报春苣苔生长环境中要求温度、湿度相对恒定，在培育试管中很难生根。专家们只得一次次调整培育剂和湿度、温度，在历经 5000 多次试验后，一株株报春苣苔在培育箱里萌发出丝般粗细的根。

当前，温室效应已经成为全球关注的问题。报春苣苔生长的环境二氧化碳浓度相当于温室效应发展到 2050 年时空气中二氧化碳的浓度。因此，研究它的培育、生长和演化过程，对应当前温室效应及利用生物技术实现濒危植物解危有重要的现实意义。

貌似蝴蝶的蝴蝶树

在美洲有一种树，叶片五颜六色，形状很像蝴蝶，仿佛满树的蝴蝶翩翩欲飞，被人们称为"蝴蝶树"。

蝴蝶树为常绿乔木，高达 35 米，胸径近 1 米；树皮银灰色，内皮浅红色；嫩枝被锈色鳞披。叶革质，椭圆状披针形，长 6～8 厘米，宽 1.5～3 厘米，上面无毛，绿色，下面密被银白色或褐色鳞披。圆锥花序腋生；花小，白色，单性；花萼管状，长约 4 毫米，5～6 裂；无花瓣；雄花的雄蕊柄柔弱，长约 1 毫米，花盘厚，围绕在雄蕊柄基部，花药 8～10 枚，排成环状；雌花的子房卵圆形，长约 2 毫米，被毛。果有长翅，连翅长 4～6 厘米，翅鱼尾状，翅长 2～4 厘米，密被银锈色鳞披，果皮革质；种子椭圆形。分布区年平均气温24～28℃，年降水量 1200～2000 毫米，干湿季明显，雨量多集中在 5～10 月。土壤为砖红壤，腐殖质含量高，pH 值 5.0～6.0。蝴蝶树幼龄生长缓慢，能耐阴，随着年龄的增长而渐喜光，成年的立木在一定的直射光作用下，才能生长发育。常与青皮、细子龙、野生荔枝、红花天料木等混生，有时成群聚生（如七指岭），更新良好，为群落中相对稳定的成分。4～6 月开花，8～10 月果熟。

翠 柏

翠柏为常绿直立灌木，分枝硬直而开，小枝茂密短直。状刺形，长 6～10 毫米，3 枚轮生，两面均显著被白粉，呈翠蓝色。果实卵圆形，长 0.6 厘米，初红褐色逐变为紫黑色，内具种子 1 粒。常绿乔木，高 15～30 米，胸径达 1 米；树皮灰褐色，呈不规则纵裂；小枝互生，幼时绿色，扁平，排成一平面，直展，叶鳞形，二型，交互对生，四片成一节，长 3～4 毫米，中央一对紧贴，先端急尖，侧面的一对折贴着中央之叶的侧边和下部，先端微急尖（幼树之叶呈尾状渐尖）；小枝上面的叶深绿色，下面的叶具气孔点，被白粉或淡绿色粉。雌雄同株，球花单生枝顶，着生雌球花的小枝圆或四棱形，长 3～17 毫米，弯曲或直。球果当年成熟，长圆形或椭圆状圆柱形，长 1～2 厘米，直径约 5 毫米，成熟时红褐色，具 3～4 对交互对生的种鳞，种鳞木质，扁平，先端有凸尖，下面 1 对小，微反曲，上面 1 对结合而生，仅中部的种鳞各生 2（1 稀粒种子）粒种子、1 个短翅和 1 个与种鳞近等大的翅，种翅膜质。

翠柏属渐危物种，主要分布于云南中部及西南部，间断分布于贵州、广西及海南的个别地区。生于交通方便的地区及村镇附近山坡、山麓的翠柏，常被砍伐作材用或薪柴，森林面积已逐渐缩减。

望 天 树

　　望天树是我国近年才发现的植物新种，顾名思义，这种树很高大，一般高 40～50 米，亦有高达 80 米的，可以说它是我国最高大的乔木，产于云南南部和广西西南部的热带森林中。望天树为常绿乔木，胸径达 1.5～3 米，树干很直。基部有板状根。它的叶互生，椭圆形、卵状椭圆形或披针状椭圆形，长 6～20厘米，宽 3～8 厘米。它的花序顶生或生于叶腋，排成穗状花序、总状花序或圆锥花序。花黄白色，花萼 5 裂，有毛，花瓣 5 片，椭圆形，每朵花有雄蕊 12～15枚，雌蕊的柱头微 3 裂，果为坚果，质硬，卵状椭圆形，长 2～3 厘米，被白色绢状毛。在结果时花萼的裂片增大成翅状，包围着果实的下部，有利于靠风力传播果实种子，三条长的果翅长 6～9 厘米，两条短的果翅长 3.5～5 厘米，翅上有平行的纵脉和细密的横脉。

　　望天树是国家一级保护植物，属龙脑香科。望天树木材的材质优良，是优良的用材树种。但它的结实量少，落果很严重，树又高大，不易采种。它的种子不耐贮藏，容易丧失发芽力，应随采随播。且应加强人工繁殖，以保存这种稀有的珍贵植物。

濒危动物篇

动物朋友了。护，开始珍惜身边的已经开始呼吁动物保出于保护自己，人类能留存于世的境地。物种已到了非保护不危机不断加大，不少人给动物带来的生存随着人类文明的发展。上相互竞争的对手。人与动物，曾是地球

动物保护概述

众所周知，生物圈中的每一种动物都维持着各自生态系统的平衡和稳定。生态系统的平衡和稳定反映了生态系统所受到的内力和外力影响的相对均衡。但是，由于人类的生活和生产活动的影响，这种平衡和稳定常常被打破，一些野生动物的生存受到威胁，乃至濒危或灭绝。所以，自然保护学家强调保护物种资源或保护生物多样性，以维持生态平衡，这里的"保护"实质是"保存"或"保育"的意思，与此直接有关的学科是"动物保护学"。

动物保护学科中的"保护"还包括对动物个体生命的保护之意。也就是说，为了挽救濒临灭绝的物种或使动物个体免受伤害，由人类社会采取各种保护措施和手段，从而使动物得以安全、健康地生活和繁衍后代。

概括地说，动物保护应具有两层含义：

第一层含义是，为了保存物种资源或保育生物的多样性，人类社会所提供的各种有效的保护措施，如各国颁布的各种动物保护法律法规，以保护濒危的野生动物；建立野生动物自然保护区，以保护动物的生活环境；对具有特色的畜禽地方品种实施保种计划，以丰富可利用的遗传资源等。这层意义上的保护，是以物种资源或种群为对象的保护，包括野生动物、家畜地方品种和培育品种等。人类活动对这些动物的影响不仅是直接的，而且是间接的。这类保护的科学理论是以遗传学、动物行为学和动物生态学为基础的。

第二层含义是，保护动物免受身体损伤、疾病折磨和精神痛苦等，减少人为的活动对动物造成的直接伤害。也可以认为是动物的保健和福利，也就是动物的康乐。萨姆布朗斯和古亦特分别概括了动物保护的这层含义。前者认为，保护动物免受或者减轻痛苦、折磨及损伤。后者认为，动物保护是指避免对动物进行残忍的行为，改善对动物的处置方式，减少动物的应激和紧张，并对动物的试验进行监督。这层含义上的保护对象主要是指家养动物，还包括关养的野生动物。它是动物福利学及兽医学和动物卫生学交叉形成的新领域，而且包括伦理、道德等社会科学内容。

保护野生动物的意义

首先，《中华人民共和国野生动物保护法》规定：珍贵、濒危的陆生、水生野生动物和有益的或者有重要经济、科学研究价值的陆生野生动物受国家法律保护，所以滥食野生动物是违法行为。

其次，保护野生动物就是保护人类自己。由于环境的恶化，人类的乱捕滥猎，各种野生动物的生存正在面临着各种各样的威胁。近100年，物种灭绝的速度已超过了自然灭绝速度的100倍，现在每天都有100多种生物从地球上消失。我国也已经有10多种哺乳类动物灭绝，还有20多种珍稀动物面临灭绝。而它们的灭绝会导致许多可被用于制造新药的分子归于消失，还会导致许多有助于农作物战胜恶劣气候的基因归于消失，甚至引起新的瘟疫，由此所造成的损失是我们永远也无法挽回的。

再者，食用野生动物极易传染疾病。野生动物与人类共患的疾病有100多种，如狂犬病、结核、鼠疫、甲肝等。它们的内脏、血液乃至肌肉中均含有各

种病毒、寄生虫，如 B 病毒、弓形虫、绦虫、旋毛虫等，有些即使在零下 15℃ 的低温或 100℃ 的高温下也不能被杀死或清除。稍有不慎，就会得出血热、鹦鹉热、兔热病、脑囊虫、肺吸虫、血吸虫、肠道寄生虫病等。例如我国主要猴类之一的猕猴有 10%～60% 携带 B 病毒，而生吃猴脑者感染的可能性很大，一旦染上 B 病毒，人则必死无疑。再拿人们吃得最多的蛇来说，它的患病率很高，诸如癌症、肝炎、寄生虫病等几乎什么病都有；再者，在广东地区，由于对饮食力求新鲜，食用生食和半生食，这使得食源性的寄生虫发病率逐年增加。据最近的调查，在广东省这种寄生虫病的感染率已达 16.7%。另一方面，各种家养动物能够为我们提供足够的营养，所以人类没有必要去食用野生动物。

什么是生态和生态学观点？简单说来，就是要按照大自然本来的面目和自身的规律，来认识自然、研究自然、保护自然。地球本来是个有机的统一体，一切生物都生长、繁衍、进化在这个统一体之中。伟大诗人李白说："天生我材必有用"这话可能是抒发他自己的感情，天生我李白，就应该是有用的；也可以说，天生我们人类，就应该是有用的；还可以引申一下，天生动物，天生植物，天生一切生命，都是有用的。它们的存在，就说明有用。我们有些人也说"有用"，一看到森林，就想到木材；一看到河流，就想到发电；一看到草原，就想到放牧，变成牛肉羊肉；一看到动物，就想到能不能吃，能不能用，能不能入药。不是说这样想不对，这样做不对，而是太狭隘了，太片面了，从生态观点来看，问题要复杂得多，深刻得多。有人说，生态财富是顶极财富，而许多人看不到这点。正如原始森林的生态效益、科学效益、社会效益、也包括经济效益，其价值是无限的，如果你只把森林看作木材，那只是看到了森林全部效益的百分之几，把森林砍了，就等于只用了百分之几，而破坏了百分之九十几。所以我们应该学会用生态学的观点观察问题，任何组成天然群落的物种，都是共同进化过程中的产物，各个生物区系的存在和作用，都是经过自然选择的巨大宝库，各个物种和人类一样，人类也和各个物种一样，都是自然界中的一个环节，在漫长的进化发展过程中共同维持着自然界的稳定、和谐和发展。在这个五花八门的生物圈中，谁能适应，谁发挥优势，谁被淘汰，这是在自然历史的长河中物竞天择、不断演化、不断优化的结果，既非上帝所创造，更不能由人类来主宰。这就是大自然为什么拥有物种的多样性、遗传的变异性和生态系统的复杂性的根源。

放眼宇宙，大小星球无数，又有哪个可以和地球相比。过往历史无穷，又有什么样的奇妙想象可以比喻现在的世界。美国宇航员阿姆斯特朗第一个登上月球，当站在38万多千米的远处看到小小的地球时，他深切地感到地球不仅是一个绿洲，一个孤岛，而更重要的是，直至目前所知，它是唯一适合人类生存的地方。他说："我从来没有像此时此刻那样突然警觉到，保护和拯救这个家园是如此的重要。"我们作为生物界的精华而又是芸芸众生中的一员，来到这个宇宙间仅有的地球，很偶然，很幸运，也很自豪。所以，我们爱这个物种多样性的世界，爱这个统一和谐的大自然，爱与我们生活息息相关的生命现象，更爱我们的子孙——希望他们永远享有和我们同样美好或者更加美好的生活环境。

总之，人是在大自然之中，不在大自然之外，更不在大自然之上，所以我们在讨论保护动物、保护植物、保护生态以及保护人的时候，必须放弃以人为本的观点。

提醒人们正视国际上的动物保护潮流，正视动物福利的贸易壁垒，与国际接轨，是最时新的说法。

扬　子　鳄

扬子鳄是中国特有的一种鳄鱼，成年扬子鳄体长很少超过 2.1 米，一般只有 1.5 米长，不如非洲鳄和泰国鳄的体型那么巨大。扬子鳄的吻短、钝，属短吻鳄的一种。因为扬子鳄的外貌非常像"龙"，所以俗称"土龙"或"猪婆

龙"。

扬子鳄是世界上体型最细小的鳄鱼品种之一，主要分布在长江中下游地区。它既是古老的，又是现今生存数量非常稀少、世界上濒临灭绝的爬行动物。在扬子鳄身上，至今还可以找到早先恐龙类爬行动物的许多特征。所以人们称扬子鳄为"活化石"。

有人把扬子鳄称为鳄鱼，把它看做是鱼一类的水生动物。其实扬子鳄没有鳃，也不是水生动物，只是扬子鳄又回到水中，适应了水中的生活，具有水陆两栖的本领。这样，扬子鳄就扩大了生活的领域，使它们在生存斗争中成为优胜者。

扬子鳄在江湖和水塘边掘穴而栖，性情凶猛，以各种兽类、鸟类、爬行类、两栖类和甲壳类动物为食。6月份交配，7~8月份产卵，每窝可产卵20枚以上，靠自然温度孵化，孵化期约为60天。扬子鳄也喜欢安静，白天在洞穴中隐居，夜间外出觅食。白天，它也会出来活动，在洞穴附近的岸边、沙滩上晒晒太阳。它常紧闭双眼，爬伏不动，处于半睡眠状态，扬子鳄也具冬眠习性。

扬子鳄从见于甲骨文字的殷商时代算起，被我们认识已有约3500年了。过去，扬子鳄盛产于安徽、江西、江苏、浙江的长江沿岸沼泽地带，直到20世纪50年代，九江、芜湖一带还相当多。后来，城乡的经济发展、人口增多使其适宜的生活环境减少，再加上采猎频繁，现在仅见于安徽东南部，长江支流青弋江两岸的南陵、宣城、泾县、宁国、郎溪、广德等处和浙江太湖之畔及安吉的苕溪两岸。

扬子鳄是一种半年活动、半年休眠的动物。由于产地的冬季比较寒冷，气温可以达到0℃以下，爬行动物适应不了，因此扬子鳄就进入冬眠期。扬子鳄的冬眠期一般从每年10月下旬开始，一直到第二年4月中旬或下旬才出洞，将近半年的时间。由于扬子鳄是世界上目前现存 20 多种鳄当中唯一的冬眠物种，因此有很高的科学研究价值。

为了抢救扬子鳄，安徽省在残存扬子鳄的宣城、郎溪、广德、泾县、南陵等 5 县建立了自然保护区。再者，是在扬子鳄比较集中的宣城，建立了 1 个养殖场，专门从事人工繁殖的实验。

从1981年到1983年 3 年基本解决了 3 个问题：1981 年解决了人工孵化问题。1982 年解决了幼鳄饲养问题。这一年他们竟养活了 87 条幼鳄。1983 年解决了在人工饲养条件下也能产卵的问题。自然保护区和养殖场的工作人员胜利了，但并没有陶醉其中。扬子鳄在野外生活了两亿多年，今日初食人间烟火，哪能不遇到困难呢？他们成功的背后，拥有大量的、持久的、繁琐的、平凡的劳动。看来扬子鳄不会灭绝了，当扬子鳄在人工饲养的条件下数量增长得很多的时候，就可以一部分供应全国的动物园、博物馆和科研单位，一部分放回自然界，还有一部分就可以成为制革、制药、食品等工业部门的原料了。

因为扬子鳄非常珍贵，目前已被列为我国一级保护动物。

中 华 鲟

中华鲟是中国特有的古老珍稀鱼类，有着 1.4 亿年的悠久历史，人称水中"活化石"，是国家一级重点保护野生动物。它与普通鱼不同，头和嘴都很尖，尾巴歪翘，身体披着五道坚硬的骨板，体重一般在 50 千克以上，最大者可达 500 千克，体长可超过 4 米，多产于长江，以江海底栖动物或小鱼为食。中华鲟鱼，属世界 27 种鲟鱼之冠，它个体硕大，形态威武。现在，中华鲟有濒临灭绝的危险。我们要保护这种珍贵的鱼，不让它在中国灭绝。

中华鲟的洄游古道

鲟鱼类的祖先在地球上已有1.4亿年的历史，主要分布于长江干流。中华鲟是一种习性很特别的洄游鱼类，自古以来，它们在长江就有着固定不变的洄游古道。生在江河里，长在海洋中，成熟期需9～12年。完全成熟后，再迁移到我国浅海地区进入河口，在那里栖息。秋季，顺长江逆流而上，开始在诞生地金沙江一带产卵繁殖后代。幼鱼孵出后，便跟随着亲鱼远征，向河口、海洋游去。

中华鲟的繁殖

有趣而又令人感叹的是，中华鲟进入长江后便开始绝食，直至产卵后返回海洋，其间长达两年左右。人们为此送了它一项"耐饥饿冠军"的桂冠。一条雌鲟，要成长十多年才能生殖，并且2～3年才产一次卵。虽然它的产卵量很多，但是幸存的后代只有1%左右。产的鱼子多，能"成鱼长大"而传宗接代的却不多。实际上，这是动物在进化过程中生殖适应的结果。凡在个体发育过程中幼子损失大的种类，产子则多；反之，则少。这不是"上帝"的安排，而是那些产子少、损失又大的种类在历史的长河中被淘汰了。中华鲟的寿命很长，可活一二百年。

水　獭

水獭俗名獭、獭猫、鱼猫、水狗、水毛子，是半水栖的食鱼动物，广布于欧、亚、非三大洲。我国南北各地都有。水獭身体扁而长，体长约 70 厘米，尾长约 35 厘米，尾前宽后细。四肢很短，趾间有蹼。头部宽扁，眼小，耳小而圆。口部触须发达。身披棕色密毛，毛短而有光泽，入水不湿。体毛较长而细密，呈棕黑色或咖啡色，具丝绢光泽；底绒丰厚柔软。体背灰褐，胸腹颜色灰褐，喉部、颈下灰白色，毛色还呈季节性变化，夏季稍带红棕色。

水獭的生态习性

水獭栖居于江河湖沼的岸边，在水旁筑洞穴居，常有两个洞口，一个在水下，一个通地面。白天躲在洞内，夜晚出来觅食。平时喜在水清的河湾处或杂草较少的水域活动。水獭极善游泳和潜水，游水时前肢靠近身体，用后肢和尾推进，使身体作波浪式起伏，游动速度很快，而且升降和转向十分灵活。它的鼻孔和耳孔都能自由开闭，潜水时可关闭，在水下潜游可达 4～5 分钟，潜行距离相当远。同时它在陆上奔跑也非常迅速。视觉、听觉、嗅觉都很敏锐。水獭的食物以鱼为主，也吃青蛙、蟹和小鸟，在陆上则捕食多种野鼠和野兔。冬季还能到冰下捕鱼。水獭一般每年可繁殖 1～2 胎，每胎产 2 仔。水獭自小可以驯养。

水獭的生存现状

水獭皮质地优良，十分名贵。皮毛不但外观美丽，而且特别厚，绒毛厚密而柔软，几乎不会被水浸湿，保温抗冻作用极好。獭肝、獭骨还具有药用价值。由于人类活动使得獭类生活环境污染、水质变劣，破坏了獭类栖息地和食物来源，水獭的繁殖能力下降，加上无度狩猎，多数山溪江河已罕有獭迹。水獭现为我国二级保护动物。

抹 香 鲸

赫尔曼·麦尔维尔不朽的小说《莫比·迪克》，将对抹香鲸的描述推向了极致。它们是最庞大的有齿鲸，长着地球上动物中最大的脑袋，两性形态差异明显（雄性体重是雌性的3倍），也许还是动物王国所有生物之中潜水最深、最远的。

很久以前，水手们都认为他们透过船只外壳所听到的间隔规律的嘀嗒声，来自被他们称为"木工鱼"的鱼类，因为听起来就好像锤子敲击的声音。而实际上，他们所听到的正是抹香鲸发出的声音。至于"抹香鲸"这个名字，其由来是因为捕鲸者在它们硕大的前额中，发现了被称为"鲸脑油"的油脂物质，而这一说法又曲解了鲸脂的本意。

来自深海的声音

抹香鲸科的古代家族看来是在早期的鲸类进化时（大约 3000 万年以前），从主要的海豚总科中分离出来的。现存的唯一抹香鲸种群——抹香鲸以及比抹香鲸小很多的侏儒抹香鲸和小抹香鲸——都长着桶形的头，长长窄窄的、长有整齐牙齿的垂吊下颚，船桨形的鳍肢，以及长在左侧的呼吸孔。小抹香鲸的出现要晚很多，大约在 800 万年以前。

抹香鲸呈方形的大前额长在上颚的上方、头骨的前边，占其体长的 1/4 ~ 1/3。这里长着抹香鲸脑油器，一个椭圆形的结构包含在一个由结缔组织构成的外壳之中。脑油器本身与结缔组织外环绕的是稠密的鲸油——一种半流体的、光滑的油脂。气囊束缚着抹香鲸脑油器的两端，包围着抹香鲸脑油器的头骨与气道都非常不对称。两个鼻腔无论在外形上还是功能上都差异极大，左侧的用于呼吸，右侧的用于发声。

抹香鲸为什么长着如此笨拙的巨大脑壳呢？原因之一可能是有助于聚焦嘀嗒声——嘀嗒声的作用是在漆黑一片的深海中利用回声定位判断猎物所在。抹香鲸也会通过这种嘀嗒声来进行交流，它们是 3 种抹香鲸中利用声音最多的一种。

抹香鲸棒形的下颚包含 20 ~ 26 对大牙齿，而侏儒抹香鲸有 8 ~ 13 对，小抹香鲸有 10 ~ 16 对。这些牙齿似乎并非用于进食，因为据发现，进食充足的抹香鲸都少有牙齿，甚至没有下颚；而且，直到抹香鲸性成熟时，牙齿才会长出来。一般来说，没有一个种群的抹香鲸上颚会长牙，即使长了，牙齿通常也不会进出。小抹香鲸科的牙齿细小，非常尖锐、弯曲，且没有釉质。

抹香鲸的皮肤除了头部与尾鳍之外，都是起皱的，形成了不规则的波浪形表面。低低的背鳍如同覆盖着一层粗糙的白色老茧，成熟的雌性尤为明显。

抹香鲸会多次潜入深海捕食，其平均深度约为 400 米，持续 35 分钟左右，尽管它们能够潜至 1000 多米深，并持续 1 个多小时。抹香鲸在潜水间歇会浮到水面呼吸，平均呼吸时间为 8 分钟左右。下潜时，抹香鲸把尾鳍直直地伸在水外，身体几乎与水面垂直。

不论是雌性抹香鲸还是雄性抹香鲸，鱿鱼类都为其重要食物。雌性抹香鲸会花费约 75% 的时间用来进食，尽管雌性的进食量要小于雄性。但是，它们偶尔也会捕食巨型鱿鱼，鱿鱼吸盘所造成的伤痕会留在它们的头部，作为水下战斗的见证。雄性抹香鲸喜欢捕食雌性吃剩的、更大型的猎物，另外，雄性还会吃相当多的鱼，包括鲨鱼和鳐鱼。

小抹香鲸和侏儒抹香鲸的头部更倾向于圆锥形，就其与整个体长的比例而言，比抹香鲸要小得多。这两个小抹香鲸种群看起来很像鲨鱼——垂吊的嘴部，尖锐的牙齿，以及头部侧面类似鱼鳃裂口的弧形痕迹。因为主要捕食鱿鱼和章鱼，所以小抹香鲸种群长着扁平的吻部。由于它们还捕食深海鱼类和螃蟹，所以偶尔也会成为海底掠食者。除此之外，它们的猎食对象与抹香鲸无异。

环球"航海家"

全球很少有像抹香鲸这样分布广泛的动物，它们占据着从两极附近到赤道的所有水域。雌性与雄性在一年中的大部分时间，在地理位置上都会分开，雌性与幼仔生活在纬度低于 40° 的温暖水域中，而雄性则会随着其年龄增长以及体型增大，向更高的纬度行进。最大的雄性抹香鲸在靠近北极边缘处以及南极的浮冰区被发现。为了进行交配，雄性抹香鲸必须要迁移到雌性的所在地 热带区域。

基因研究表明，所有的抹香鲸族群都大体类似。线粒体 DNA 只能通过母体遗传，这表示在小于一个大洋海盆的范围内，不存在地理结构差异。有一半的核 DNA 是通过分布广泛的雄性遗传的，而核 DNA 更具有地理同一性，这说明在海洋中的抹香鲸族群之间，不存在明显的区别，而且无论存在什么区别都是海洋族群之间的区别。它们生活在深水中，深度通常超过 1000 米，并且远离陆地，大陆架边缘看起来很适合它们。

小抹香鲸也分布于世界各地，在温带、亚热带、热带海域的深水中都可以发现小抹香鲸的踪迹。而侏儒抹香鲸则出现在较为温暖的水域。

这两类小抹香鲸种类会花费大量的时间静静地躺在水面处，露出其头部背面，而尾部则随意地悬垂。小抹香鲸胆小，且游动速度缓慢，它们自己绝不会游向船只，但是当其静静地躺在水面时，却很容易靠近船只。它们以缓慢的、优雅的姿态浮上水面呼吸，并不引人注目。当小抹香鲸科种类受到惊吓或遇到危险时，它们会释放出一种红棕色的肠液，以帮助它们逃离掠食者（诸如大型鲨鱼和虎鲸），这种肠液类似于章鱼释放的墨汁。小抹香鲸科种类的眼睛，在光线微弱的深海中也能发挥一定的功能。

对于小抹香鲸和侏儒抹香鲸的繁殖策略，我们知之甚少。这两个种群都没有显现出性二态，这一点与性二态明显的抹香鲸截然相反。成年雄性小抹香鲸的体型看起来有其生殖优势，因此，小抹香鲸科种类可能拥有与抹香鲸迥异的交配体系。

成熟的大型雄性抹香鲸（年龄近 20 岁或更大时）会从极地迁移至赤道，在那里，它们徘徊于组群之间，寻找适合的雌性与其进行交配。至于雄性的往返是一年一次还是两年一次，目前还不清楚。雄性与每个组群共度的时间有所不同，数分钟至数小时不等。处于生殖期的雄性就像发情期的公象，处于"狂暴"状态，它们通常会彼此回避，但偶尔也会发生争斗，某些成年雄性头部深深的伤痕可以证明。从这些伤痕的间距来看，毫无疑问，是由其他雄性的牙齿造成的。

小抹香鲸会连续 2 年孕育幼仔，它们的怀孕与哺育可能会同时进行。相反，抹香鲸则每隔 5 年左右才会生产 1 次，虽然其妊娠期还不能确定，但估计是在 14 ~ 15 个月。雌性的繁殖率会随着其年龄的增长而下降。

惊人的群体关怀

雌性抹香鲸是绝对的群居动物，它们的社交生活基于其家族群落之上，家族群落包括约 12 头长期在一起、血缘关系较近的雌性及其幼仔。2 个或更多的群落会聚集在一起数日，组成一个约包含 20 头鲸的小组，这也许是为了提高捕食效率，至少是为了减少在同一片海域进食的不同群落之间的冲突。

雄性抹香鲸则正相反，当它们接近 6 岁时会离开其出生的群落。随着雄性年龄的增长，它们会逐渐聚集成较小的群落。成熟后的雄性与其他雄性群落组合的时间很少会持续 1 天以上，但是在沙滩附近，雄性则会聚集在一起，以示其社交关系没有完全消失。

其他抹香鲸为了吸引雌性抹香鲸加入，有可能会扮演保姆的角色。幼仔无法与母鲸一起潜入深水处进食，当它们被单独留在海面处时，很容易遭到鲨鱼或虎鲸的袭击，因此组内成员会交替潜入水中，这样水面上一直都会留有一些成年的抹香鲸。除了这些家族群落间的公共关怀之外，还存有虽然不具权威性但却有极为有力的证据表明雌性抹香鲸会哺育并非自己亲生的幼仔。

公共群落防御掠食者时，也会保护其他成年的抹香鲸。抹香鲸紧密聚集在一起，以"雏菊"的模式相互配合：它们将头部聚集于中心，身体则像花瓣一样散开。它们还会采用头朝外的阵形。前者是抹香鲸利用尾鳍进行防御的战略，后者则是利用其上下颚的防御战略。

有时，个别抹香鲸为了帮助同伴，甚至会将自己置于险境。在远离加利福尼亚的地方，人们真切地观测到了这样一起事件：一只受到虎鲸攻击的抹香鲸为了"解救"另一只被孤立的抹香鲸，退出了相对安全的"雏菊"防御模式，而被虎鲸撕咬至重伤。

雌性抹香鲸每天都会聚集在水面处休息或社交数个小时。它们有时会以一种被称为"原木"的姿势（因为它们此时非常像固定不动的原木）平行地躺在彼此身边，或者在水中扭动旋转、翻滚或彼此触碰。它们也会表演"突跃"（从水中一跃而起）、"拍尾"（用尾鳍拍水）以及"间谍跳"（只把头部露出水面）。雌性与幼仔大约每小时会竭尽全力地表演一次"突跃"或"拍尾"。不过，"突跃"和"拍尾"却总会集结成为回合较量，经常与海面社交的开始时间或结束时间相重合。

在社交时段，抹香鲸经常会发出"暗号"（老式的、组合成串的声响，大约由 3 ~ 20 声嘀嗒声组成），这很容易使人联想起莫尔斯电码，时间会持续 1 ~ 2 秒钟，可以把其当做是交流，或者说是个体成员之间的"对话"。所以，当一头抹香鲸发出"嘀嗒—嘀嗒—暂停—嘀嗒"声时，另一头则回复"嘀嗒—嘀嗒—嘀嗒—嘀嗒—嘀嗒"。两头抹香鲸几乎是在同时发出同样的暗号，形成了"二重奏"，听起来像是回音。雌性组群有其不相同的指令，有将近 12 种通用"暗号"（"语调"），并且因地域不同而不同。暗号指令可能是其文化的传递，由母鲸以及家族群落传授给子孙后代。

更为常见的是，抹香鲸会发出间隔精确的回声定位嘀嗒声（被称为"惯例"嘀嗒声），每秒钟约重复两次。也有由一串嘀嗒声所组成的指令，被称为"吱吱声"，因为将其组合到一起就变成了吱吱声。这些都被应用于社交场合对"暗号"时，或用于捕猎中，也许用于导向潜在目标猎物。缓缓的嘀嗒声响大约每 6 秒钟响 1 次，是发情期的大型雄性抹香鲸的特征。人们认为这种缓缓的嘀嗒声响可以显示出一只发情期的雄性抹香鲸的出现及其体型和（或）健康状况，也可用于警示雄性、吸引雌性，或是暗示其他抹香鲸协助发声者进行回声定位。抹香鲸明显不同于其他社交型的有齿鲸类，后者的声音几乎全部都由嘀嗒声组成。

小抹香鲸科则不如抹香鲸科那样社会化。小抹香鲸要么独自生活，要么在由最多 6 头小抹香鲸组成的小组中生活，而侏儒抹香鲸则会与由 10 头侏儒抹香鲸组成的小组共存。与抹香鲸截然不同，雄性侏儒抹香鲸会与雌性及其幼仔组成小组，

而且也会形成未成年小组。抹香鲸中的这 3 个种群都很容易搁浅，尤其是小抹香鲸。事实上，很多有关小抹香鲸科的数据都是在它们搁浅时收集而来的。

过度捕杀导致的危机

据估计，全球的抹香鲸数量为 20 万 ~ 150 万头。在 IUCN 公布的红色名录上，抹香鲸被列为易危物种，国际捕鲸委员会（IWC）于 1988 年已施行商业捕鲸禁令。虽然还没有对小抹香鲸科的数量做出确切普查，但其数量应该也很稀少。

在历史上，抹香鲸已经为人类文明做出了巨大贡献。这种大型鲸类的脑油与鲸脂被广泛用做工业革命的燃料。第二波捕鲸潮发生在 20 世纪，机械化捕鲸船以及爆破型鱼叉，造成了每年多达 3 万头抹香鲸的死亡。由于雄性抹香鲸的超大体型及其相对较大的脑油器，因此大型雄性抹香鲸变成了捕猎者的主要目标。如今，人们将其脑油作为高品质的工业润滑剂，在市场上出售。这种捕杀在太平洋东南部水域仍在继续，目前在那里，大型雄性抹香鲸已经极为罕见，幼仔的出生率又很低，已不足以使这个处于危险状态的族群长期存续下去。

根据国际捕鲸委员会的统计数据，即使是在理想的环境下，抹香鲸族群的增长率仍然十分低，每年不到 1%。抹香鲸还会因为被捕鱼用具缠住而死去，甚至会窒息在塑料袋中，或是与船只发生碰撞而死去。在它们的鲸脂中还发现了化学污染物，抹香鲸体内的污染级别为中度，而近海岸的齿鲸以及须鲸受污染最为严重。

因为它们在生活的各个方面都非常依赖声音，而声音在深水中能够传得较远，所以噪声污染变成了另一个威胁。海运、水下爆破、地震探查、石油开采、军事声呐演习，以及海洋学实验等都增加了现代世界的水下噪声级别，而抹香鲸对这种噪音反应强烈。例如当美国于 1983 年入侵格林纳达使用声呐系统时，抹香鲸变得寂静无声，也许还停止了进食。人们还发现它们会以相同的方式回应处于运行中的地震勘探船所发出的声音，尽管其位于数百千米之外。

白　鳍　豚

　　白鳍豚是鲸类家族的成员，属于齿鲸类淡水豚科，生活在我国长江三峡以下的干流中，是珍稀水生哺乳动物，它和大熊猫一样，是我国特有的珍贵物种，被称为"水中大熊猫"，甚至比大熊猫还要珍贵。白鳍豚数量稀少，是国家一类保护动物。白鳍豚身体呈流线型，体形优美，皮肤细腻光滑。成熟个体体长约 2 米，体重 100～200 千克，雄性略小于雌性。白鳍豚终年生活在水中，靠水平状的宽大尾鳍上下摆动游泳前进。其形态漂亮，被誉为"长江女神"。根据记载，白鳍豚在 2500 万年前由太平洋迁徙至长江。中国 2000 多年前的古籍《尔雅》中，就有对白鳍豚的描述，视之为"江神"。

白鳍豚的生态习性

　　白鳍豚性情温顺，重感情，喜欢群居。它们集体前进时，体形最大的在前面开路，母豚保护着幼仔跟在后面。白鳍豚用肺呼吸，一个长圆形的鼻孔开在头顶偏左处。它们在水下只能潜游二三分钟，需要频频出水换气。在夜深人静时，在江面上能听到白鳍豚换气的"扑哧、扑哧"声。

　　白鳍豚喜欢生活在江心沙洲的洲头、洲尾或者支流、湖泊与长江的汇合处。

那里水生生物繁茂，鱼类集中，是白鳍豚的主要栖息、繁殖场所。白鳍豚以捕食鱼类为食，但它们进食的方式很特别，虽然有牙齿，但不进行咀嚼，而是囫囵吞下。它们为了追逐小鱼，常进入浅水区域，但它们不喜欢在小河流和湖泊中生活。

聪明的白鳍豚

由于长期生活在浑浊的江水中，白鳍豚的视听器官已经退化。它眼小如瞎子，耳孔似针眼，位于双眼后下方。科学家发现，白鳍豚的大脑十分发达，一头 95 千克的雄白鳍豚，大脑就有 470 克重。这等重量已接近大猩猩与黑猩猩的大脑重量，甚至有些学者认为白鳍豚比长臂猿和黑猩猩更聪明。特别是它的声呐系统极为灵敏，它的上呼吸道有三对功能奇异的气囊和一个像鹅头的喉，能在水中发出"嘀嗒""嘎嘎"和哨声等声音；用来回声定位，识别鱼群，并同伙伴联系。白鳍豚的水中定位能力，任何现代化的电子仪器都赶不上。

濒危的珍稀动物

白鳍豚虽然基本上没有天敌，但人们在江上的一些活动，如利用滚钩捕鱼、水下爆破治理航道，都会伤害它们。白鳍豚还会误入捕鱼人的渔网，窒息而死。非法的捕猎现象也有发生。现在白鳍豚的数量非常稀少，濒临绝迹。它是中国目前最为濒危的动物，也是世界上几种最濒危的动物之一。

娃 娃 鱼

娃娃鱼不是鱼，而是产于中国的世界上最大的两栖动物。因为它能像鱼一样生活在水中，又因其叫声酷似婴儿哭声，所以称它为"娃娃鱼"。它的学名叫"大鲵"。俗名有人鱼、孩儿鱼、狗鱼、鳕鱼、脚鱼、啼鱼、腊狗等。娃娃鱼头大，嘴也大，眼睛却很小，身后拖着一条大尾巴，约为体长的1/3。身体表面光滑无鳞，受刺激后，能分泌出类似花椒味的白浆状黏液。娃娃鱼的体色随生活环境不同而变化。体色以棕褐色为主，有较多不规则的乌褐色斑纹。

娃娃鱼的栖息地

娃娃鱼的主要产区是湖南、湖北、贵州、四川、广西等省区。它们喜欢生活在海拔200～1000米清澈的山涧溪流中，往往独居在水草繁茂、有河流且阴暗渗水的石隙或岩洞里。它们待在洞里时，一般头向外，便于猎食和防御敌害。它们喜欢定居，只有山洪暴发时，才被迫迁移。因为它眼睛怕光，所以白天一般躲在洞里，夜晚才出来寻找食物。

娃娃鱼的生态习性

娃娃鱼也有冬眠期，一般是6个月。从11月起，逐渐不食不动，进入冬眠，第二年的4月逐渐苏醒。经过长时间的休眠，营养消耗很多，所以苏醒后的娃娃鱼非常贪吃，白天也趴在溪边取食，甚至跑到稻田里觅食。娃娃鱼的猎食方式一般是夜间守候在乱石堆里，等待猎物，一旦发现，便突然袭击，吞入吃掉。它们主要吃动物性食物，如鱼、螺、虾以及青蛙，幼小的娃娃鱼也吃一些植物性食物。它的牙齿不能咀嚼，只是张口将食物囫囵吞下，然后在胃中慢慢消化，所以它的新陈代谢缓慢，且耐饥力强，长期饥饿体重仍然不减，即使一年以上没有进食，也能照样生活，只是不能离开水。

两栖动物中的"巨无霸"

娃娃鱼是现存有尾目中最大的一种，在两栖动物中要数它体形最大，全长可达 1 ~ 1.5 米，体重最重的可超百斤，可以说是两栖动物中的"巨无霸"。它虽然没有扬子鳄大，但比起其他所有的两栖类动物，无论是蛙类、蟾类或蝾螈类，它都大得无可比拟。一般成年的大鲵身 60 ~ 70 厘米，体重达 20 千克的，比较常见，偶尔还能发现身长将近 2 米，体重超过 50 千克的娃娃鱼。娃娃鱼的外形有点类似蜥蜴，只是相比之下更肥壮扁平。

同类相残的娃娃鱼

娃娃鱼有同类相残的现象，当食物缺乏时，个大的就会对个小的下口，有时甚至以卵充饥。每年的 5 月，娃娃鱼开始产卵，6 ~ 7 月是产卵的盛期。雌娃娃鱼产完卵，雄娃娃鱼就把卵带绕在自己的背上进行孵化。娃娃鱼性凶猛，主要吃水中的鱼、虾、蟹、蛙和一些昆虫。娃娃鱼是中国的特有物种，产于华北、华中、华南和西南各省。娃娃鱼心脏构造特殊，已经出现了一些爬行类的特征，具有重要的研究价值。它的种群急剧下降，分布区急剧缩小，处于濒危状态。

海　豚

海豚类的智慧和发达的社会组织被认为和灵长类动物相似，甚至可以和人类媲美。另外，它们的温顺友善也深受人类的喜爱。

近年来，以人类为中心的观点需要有所转变，例如，我们对海豚的学习能力、社交技能及它们在海中的生活了解得越多，就越会惊叹于不同的种群或种类之间为适应当地环境条件而产生的巨大的行为和社会结构差异。

敏捷而聪慧

海豚科是在大约 1000 万年前的中新世晚期进化形成的一个相对现代的族群，它们是所有鲸类中种类最丰富和具有最大多样性的族群。

多数海豚属于小到中型动物，具有发育良好的喙和一个向后弯曲的居于身体背部正中的镰刀状背鳍。它们的头顶上方有一个新月形的呼吸孔，呼吸孔前面是凹陷的。在双颌上有彼此分离且功能不同的牙齿（牙齿的数量为 100 ~ 224

颗不等，大多数为 100~200 颗）。多数海豚都有一个额隆，但也有些种类如土库海豚的额隆并不明显，而在驼背海豚属中额隆则完全消失。

不同种类海豚之间的身体颜色图案具有巨大的差异，这可以通过几种方法进行分类。一种分类方法可以分成 3 种类型：统一色彩图案型（图案色彩单一或分布均匀）、补缀色彩图案型（各种色彩图案之间界限分明）以及分界色彩图案型（黑色和白色）。身体颜色的差异有助于个体间彼此辨认，颜色还有助于隐蔽自身以躲避捕食者的捕杀。在光线黯淡且均一的海洋深处进行捕食的海豚其体色是同一的，而海洋表面的海豚则趋向于反向隐蔽的色彩图案（上面是暗色的，而下面是亮色的），从上面看时，它们能够融入到背景中。有些种类的色彩图案可以当做反捕猎伪装，如某些种类的鞍形图案可以通过色彩反向隐蔽而获得保护，斑点图案可以和阳光在水中反射出的光斑融合在一起，而十字交叉型图案则具有反向隐蔽和混乱色彩的作用。

海豚主要依靠声音进行交流，它们的声音频率很低，其范围通常从 0.2 千赫的低语到 80~220 千赫的超声波，可以通过电磁回声定位来追踪猎物，也可能用来击晕猎物。尽管海豚的声音已经被辨认并划分出不同的类型，并且这些不同的声音类型都与特定的行为有关，但目前还没有证据表明这是一种具有一定语法的语言。

海豚可以完成相当复杂的任务，并且具有很好的记住长距离路线的能力，尤其是当它们通过耳朵进行学习时。在有些测试中，它们与大象被划为同一级别。宽吻海豚可以归纳规律并发展出抽象概念。相对于体型而言，海豚具有非常巨大的大脑，体重在 130~200 千克之间的成年宽吻海豚的大脑约有 1600 克。相比之下，体重在 36~90 千克的人类的大脑为 1100~1540 克。它们同时还具有高度折叠的大脑皮层，与灵长类动物的大脑皮层相似。这些特征都被认为是高智商的标志。

大脑器官的产生需要付出高昂的代谢代价，因此除非这些器官是非常有用的，否则将不会进化。一些鲸类动物所具有的巨大大脑（并非所有的种类都具有巨大的大脑，例如须鲸的大脑就相对较小）可以被归结为几个不同的原因。一种观点认为处理声音信息比处理视觉信息需要更大的"储存"空间；另一种解释是鲸类可能在完成相同的任务时相较于陆地哺乳动物而言需要更大的大脑；第三种假设是大脑功能在群落进化中具有重要的作用，可以加深亲情，增进在捕食和防卫过程中的合作，有助于形成联盟，并且个体对社会的认同可能对于鲸类的发展具有重要作用。

通常认为的海豚缺乏攻击性其实是被夸大化了。被捕捞囚禁起来的宽吻海豚（可能也包括刺豚）之间会建立起等级制度，在整个等级群落中，领头的海豚可能会通过威胁其他海豚显示出攻击性，它们会张开大嘴或者是叩击上下颌以展示自己的权威。人们曾经观测到野生海豚之间会发生战争，在战争中一头海豚会用自己的牙齿刮咬另一头海豚的背；有些种类例如宽吻海豚可能会攻击其他较小种类的海豚（例如斑点原海豚和飞旋海豚）；人们还曾观测到宽吻海豚攻击并杀死港湾鼠海豚。

种类丰富的"食谱"

海豚种群之间的食物差异在它们的外形以及牙齿形状上都有体现。例如那些主要捕食鱿鱼的种群一般都长着圆圆的前额、钝钝的嘴喙，且（通常）生齿稀疏。

该科中的一些成员主要捕食鱼类，它们显示出机会主义捕食者的特点，可能会捕食在一定范围之内所碰到的任何物种。还有一些种类，例如宽吻海豚以及驼海豚，尽管它们也捕食生活在海底的鱼类以及远海鱼类，但它们的食物主要是近海鱼类。其他种群，例如斑点原海豚属和真海豚

属中的成员则更喜欢出海捕食远洋鱼群，既捕食那些靠近海面的鱼类，诸如凤尾鱼、鲱鱼、毛鳞鱼，也捕食那些生活于深海的鱼类，如灯笼鱼。

多数海豚偏爱捕食鱿鱼，甚至小虾。这些重叠对于界定种群之间的捕食界限造成了困难。避免食物重叠的方法之一就是远离有相似食物需求的其他海豚。在东太平洋的热带海域，斑点原海豚大量捕食生活于远海岸的海面附近的鱼类，而与其有相似食物需求的飞旋海豚则会在较深层的海域捕食，这两种海豚也有可能每天都在不同的时段进食。

生活在较深海域的海豚习惯成群活动，数量可达 1000 只或者更多，成员之间会协作捕食鱼群。近海岸的种群会组成较小的群落，通常为 2～12 只海豚，这也许是因为它们所捕食的猎物密度小。远海岸处，海豚群可以扩展绵延形成一条带子，宽 20 米到数千米不等。由 5～25 只海豚组成的小组群更喜欢并入到大的组群之中去。海豚经常沿着水下陡坡或其他地标移动，它们也能够利用潮流，以确保高效的旅程。当鱼群大量出现时，海豚会聚集起来进行捕食活动，也许它们有时会略显忙乱，但实际上却是在通力合作，聚集鱼群使其成为密集的团，这样海豚就可以迂回行进一口接一口地吞食。

无线电跟踪研究显示出海豚家族的领域大小，从宽吻海豚的 125 平方千米至暗色斑纹海豚的 1500 平方千米，面积大小各不相同。人们目前观察到有些宽吻海豚连续繁衍的后代占据同一区域已超过了 28 年。而斑点原海豚一年内个体迁移距离的纪录已超过 1800 千米，这对于远海种群而言，也许并不罕见。

群居的生活

宽吻海豚群落的家庭由雄性、雌性和幼豚组成，或者由母亲、幼仔组合构成，这样就会聚合形成较大的群落。有一些海豚也许会按照性别和年龄进行分类。在宽吻海豚之中，存在强壮的雄性与雄性相结合的现象，它们的交配体系人们目前还不甚了解，但是通常都很混乱。在某些种群之中，雄性身上常见的明显伤痕说明，为了得到与雌性交配的机会，雄性与雄性之间会相互争斗。也存在"一夫多妻"的现象，但是无论处于哪种交配体系，雄性与雄性以及雄性与幼仔的联系，相对而言都是较少的。

尽管繁殖高峰通常出现在夏季的几个月中，但其性行为会贯穿整年，即使在纬度较低的地方也一样。小生命出生之后，要待在母亲身边数月，母亲要持续喂奶长达 3.5 年，因此很多种群都有至少 2～3 年的繁殖间隔（虎鲸和巨头鲸的繁殖间隔可能会长达 7～8 年）。性成熟年龄为 5～7 岁（康氏矮海豚、飞旋海豚、真海豚），雄性虎鲸要到 16 岁，而绝大多数种群会在 8～12 岁时进行繁殖。

很多种群为了寻找食物而进行季节性迁移，尽管这种迁移通常都是远海岸到近海岸之间的移动，但也有跨纬度的。如果繁殖区域离散，它们会变得行踪不定，它们可能会留在较深的远海岸水域，在那里来自近海岸的激流会比较少。某些种群的成年海豚与幼年海豚会游到较浅的水域，捕食聚集于暗礁和海底山周围的猎物。

虽然海豚是群居动物，但是由 1000 只或更多的海豚组成的大群一般只会出现于远程迁移的时候，或出现在主要食物源的集中地。在大多数情况下，群落成员并不固定，个体可以入群或离群超过数周甚至数月的时间，仅有少数成员会长时间留在群落之中。在这种种群之中，像典型灵长类种群那样稳定且发展完备的群落组织几乎不存在，但在个别种群中（如虎鲸），家族关系则可以维系一生。在幼仔抚育以及猎物捕食方面，确定海豚相互之间的合作范围并非易事，但我们认为一些高群居性的种群中确实存在这些合作，这种行为在灵长类、食肉类动物和鸟类中也能够见到。

各种威胁

大群海豚有时会集中于觅食区域，如果正巧遇到人类捕鱼，就会产生冲突。很多海豚会被刺网困住，并溺死在其中，诸如道尔鼠海豚与港湾鼠海豚这类近海种群的危险性最高。20 世纪 60 年代末至 70 年代初，东太平洋金枪鱼围网渔场每年造成的海豚死亡数量都在 15 万～50 万只，其中主要是飞旋海豚和大西洋斑点原海豚，也有真海豚。后来，由于采用多种方法使刺网变得显眼，海豚的死亡数量才有所下降。如在海面使用浮标线，设置使落网海豚得以逃脱的通道。到 20 世纪末，每年的海豚意外死亡数量已降至 3000 只左右（这都是因为美国渔船消失的缘故，因为从 1995 年开始，美国终止了在这一区域的捕鱼活动）。

然而，由于捕鱼用具造成的意外捕获仍然是世界性的问题。安装在北海底部的刺网每年会杀害数千只港湾鼠海豚，其死亡数量远远超过本地海豚的繁殖速度。在某些情况下使用"声波发射器"（声音警报）类的缓解措施可以有效地降低海豚伤亡，不过虽然这类技术最近在丹麦和英国得到了较为广泛的应用，但也并非在所有情况下都有效。

对于海豚而言，次一级的威胁来自近海岸有毒化学物质的污染以及船只的干扰。在英国，通过近期对搁浅海豚的研究显示，那些生活在高污染环境中的海豚更容易患病，同样的因素也适用于地中海西部以及加利福尼亚南部的真海豚以及宽吻海豚。近海岸水域娱乐旅游业的增长，对共享该水域的宽吻海豚种群造成了威胁，同时世界各地高速渡船的引进则导致了巨头鲸与渡船的碰撞事件时有发生。

人们对海豚的捕猎范围并不广泛，始终保持在日本远海岸、南美以及一些远离热带岛屿的小范围之内。直到最近，才在黑海发现有大量的真海豚被捕杀（土耳其每年都会捕获 4 万～7 万只，直到 1983 年，捕捞被明文禁止，但是偷猎行为仍在悄然进行）。随着人类为了寻求食物而不断加强对海洋环境的开发，为了特殊鱼种而发生的正面冲突可能会成为对海豚的一个重要的潜在威胁。

蓝　鲸

蓝鲸分布在南北半球各大海洋中，但热带海域少见，而南极附近极多。鲸类可称世界上最大的动物，而蓝鲸又是鲸类家族中的冠军，事实上它也是自古至今最大的动物。最大的蓝鲸长达 33 米，重 200 吨，比 40 头大象还重。一条中等大小的蓝鲸，它的舌头就有 3 吨重，肝脏 1 吨重，心脏半吨重。蓝鲸的头非常大，舌头上能站 50 个人。它的心脏和小汽车一样大。婴儿可以爬过它的动脉，刚生下的蓝鲸幼仔比一头成年象还要重。蓝鲸力量大得惊人，其功率抵得上一辆火车头。

蓝鲸的生态习性

蓝鲸全身灰蓝色，胸部有白斑，鳍短小，无牙齿，以上颌数百条角质鲸须代替，鲸须有过滤作用。蓝鲸虽大，但只吃小型浮游生物，尤其喜吃磷虾和甲壳类生物。蓝鲸通常捕食它能找到的最密集的磷虾群，这意味着蓝鲸白天需要在深水（超过 100 米）觅食，夜晚才能到水面觅食。觅食过程中蓝鲸的潜水时间一般为 10 分钟。潜水 20 分钟并不稀奇，最长的潜水时间纪录是 36 分钟。蓝鲸一天能吞食 8 吨磷虾。

蓝鲸的家庭

虽然有人曾见到 50～60 只蓝鲸成群活动，但它们一般很少结成群体，大多

数是孤独的，或仅有 2 ~ 3 只在一起活动。双栖的蓝鲸非常和睦，它们成双成对地游泳、潜水、觅食和呼吸，宛如鸳鸯，形影不离，身后常常留下一条宽宽的水道。3 只在一起的蓝鲸，大多为雌鲸和一只幼仔鲸紧靠在一起，雄鲸尾随其后，相距大约 3 米。蓝鲸一般每 2 年生育 1 次，每胎 1 仔。科学家估计蓝鲸的寿命可达 90 ~ 100 年。

大 熊 猫

大熊猫别名花熊、华熊、竹熊、花头熊、大浣熊、猫熊、大猫熊、熊猫、貔貅、黑白猫等。大熊猫的显著特征是它的黑白花纹，和它那大头。雄性的大熊猫可以重达 125 千克。大熊猫只生活在中国四川等地的温带森林中，竹子是这里主要的林下植物。丰富的竹子是大熊猫的主要食物。它每天要吃掉竹子的总量相当于它体重的 40%。野外生活的大熊猫，平均寿命约为 15 岁。在种类繁多的野生动物里，大熊猫似乎和人类结下了不解之缘。画家挥毫摹写它们娇憨可爱的神态，工艺美术师用它们来设计图案、商标，动物园里的熊猫馆是游人最爱驻足之处，连世界野生动物基金会的徽章也是一只精致的白铁镀金的大熊猫。

大熊猫差不多是和恐龙一样古老的动物。根据已发现的大熊猫化石，证实在距今 100 多万年的时候，大熊猫是一个正处于兴盛时期的大家族，它的分布地区西起缅甸，东达华东，北至北京，南到广东、台湾。

在野外，大熊猫生活在2000~4000米的高山竹林里，竹林就是它的家。竹林里还住着竹鼠，只有熊掌大小。它个体小，很灵活，又会打洞钻到地底下，专吃竹笋。大熊猫用带有肉垫的脚掌，尽量不发出声响，暗地里查找。一旦找到洞口，用力拍打地面，打得洞里的竹鼠心惊胆战往外逃。大熊猫敏捷地抓获竹鼠，一怒之下，竟能把竹鼠整个儿地吃下去。

大熊猫抓竹鼠，显得那么的机智巧妙，可它也常做傻事。大熊猫在溪涧喝水看到自己清晰的水中倒影，以为又来了一只熊猫，于是，抢先喝起水来，直到肚子胀得圆滚滚才肯离去。可没走几步又不放心，回到池边，看到水中的倒影以为另一只熊猫还在，怕水被喝光，又抢着拼命喝起来。喝着喝着，胀得昏昏沉沉，倒在地上，通常3~4个小时之后才能恢复常态。当地人把这叫"熊猫醉水"。

大熊猫的视觉和听觉都比较差，但它们却是爬树能手，也善游泳，能攀上高高的树巅，也能泅过湍急的河流。也许正是这两种天赋的技能。使它们得以在残酷的自然竞争中留存下来，没有遭到灭族绝种之祸。

大熊猫之所以特别稀有的另一个原因是因为它的生殖力极低，每胎只产1~2只幼仔，也只能养活1只。保护大熊猫是我们每个人应尽的义务。

大熊猫的栖息地

由于大熊猫行动不敏捷，牙爪又不及对手的锐利有力，在弱肉强食的争斗过程中常常沦为猛兽的猎物。大约到了1万年前，为了保存种族，它只有放弃原有地盘，躲避敌害，大大缩小活动范围，如今它只栖息在四川、陕西和甘肃的一些混合长有竹木的高山深谷。

大熊猫惯于流浪生活，从来没有固定的住处，总是随着气候的变化而迁移。夏天爬上凉爽的高山避暑，冬天又迁到比较低洼和避风的地方。它们早晚出来寻食，白天就栖息在竹丛中，或是爬在树枝上晒太阳。

大熊猫的生存现状

由于森林采伐，人类活动范围的扩大，大熊猫被迫退缩于山顶，竹种十分单一，一遇竹子开花，将无回旋余地。大熊猫的栖息地日益缩小，加上人类的猎杀，大熊猫已经成为珍稀动物。

小 熊 猫

小熊猫又称小猫熊，既像猫又像熊。有两个亚种，有产于尼泊尔一带的喜马拉雅亚种，也有产于我国云南、西藏等地的中国亚种。小熊猫身披柔软长毛，上身为红褐色，下体和四肢呈黑色。头圆额宽，有一个花脸，鼻、眼、耳部有黑、栗、白等色斑块。脚掌多毛，可防滑倒，四肢粗短，爪弯曲尖锐，有一定伸缩性。尾大而粗，有9个黄白毛相间的环纹，故俗名"九节狼"。小熊猫还有不少俗名呢，如红熊猫、山门蹲、山闷蹲、松狗、金狗、火狐等。

小熊猫的生态习性

在第四纪更新世时期，小熊猫曾广泛分布于欧亚大陆，欧洲中部和英国都有化石纪录。现代小熊猫在中国分布于西藏、云南和四川。也见于印度、尼泊尔、不丹和缅甸北部。小熊猫生活在海拔1600~3800米的有混交林和竹林的高山斜坡上。它们善于爬树，大部分时间都在树上休息，睡眠通常在树洞内。它们的动作像猫，坐下时也和猫一样舐手掌、揉嘴脸等。黄昏、清晨出来觅食，食性极杂，竹笋、竹叶、嫩枝、青草、野果、昆虫、鸟卵、小鸟、小兽、蜂蜜等都是它们可口的食物。

小熊猫的保护

小熊猫性情温驯，不太怕人。它的听觉、嗅觉都不灵，视觉也不大好，因此，猎人可手持套杆，悄悄走近，然后出其不意地把它套住。它在地面上跑不快，猎人可追上它。小熊猫的天敌有豹、云豹、豺等。生性善良的小熊猫，即使在繁殖期，同群雄性也和睦相处，相安无事，只是不容异群雄性闯入自己的领域，遇到异群个体入侵，则会一反常态，变得凶猛异常，立即展开争斗。小熊猫每年4~5月间繁殖，孕期约2个月，6~7月产仔，每胎2~3崽。寿命约6~12年。小熊猫的毛皮非常厚暖美丽，在毛皮业中称为"大红袍"或"金狗皮"。因大量捕猎，现存数量已稀少，为国家二级保护动物，由于它与大熊猫同域分布，因此在四川20多个自然保护区已和大熊猫一样得到了较好保护。

牦　牛

在青藏高原人们经常可以看到一种奇特的牛，它体形雄壮，四肢短小，身披长毛，尾似马，叫如猪，尤其是它的腹部和臀部，长有30~40厘米长的粗毛，宛如系上了一条特制的"长毛围裙"，这就是被人们誉为"高原之舟"的牦牛。目前世界上有1300多万头牦牛，主要分布在中国、尼泊尔、阿富汗、蒙

古、印度、不丹、巴基斯坦、锡金等亚洲国家境内。其中以我国的数量为最多。我国牦牛主要分布在西藏、甘肃、新疆、四川、云南等省境内的冈底斯山、唐古拉山、昆仑山、阿尔金山、天山、阿尔泰山、祁连山、巴颜喀拉山、横断山以及岷山等海拔3000米以上的高山草场上。分布的中心是喜马拉雅山脉和青藏高原。

野牦牛的迁徙

野牦牛体形庞大，力大无比，凶猛异常。在西藏阿里东部改则县有一段"无人区"，被称为"野牦牛的王国"。每到冬季，数百成群的野牦牛聚集在湖滨平地，一起过冬。到了夏季，它们又迁到雪线附近适合牛犊生存的地方交配生息。野公牦牛的体重达1000千克多，相当于4头家牦牛的重量。

"高原之舟"

牦牛生性粗放，力气大，善爬山，耐高寒。一头用来驮运的牦牛，一般能负重40～50千克，有的多达100千克。每天行走20～25千米，不需休息。有时可以连续几天不吃不喝，驮运如常。牦牛的脚趾有一块坚韧的软骨，在崎岖不平的山道上行走自如。平时，马跑得比牦牛快，但在海拔五六千米以上的高寒地区，由于空气稀薄，马反而跑不过牦牛。尤其在雪原中和冰河上，牦牛比马行进稳当，老牧民翻越雪山或横过冰河时，宁骑牦牛而不骑马。在大雪封山的时候，藏族牧民往往让牦牛先行，牦牛能用蹄子和嘴扒开积雪，开辟道路，而且牦牛识途，是牧民们可靠的向导。最有趣的是，牦牛过草地沼泽，可以像船一般地拖浮着身体，贴着沼泽表面慢慢吞吞地跨越过去；如果陷得深了，它会自动停止前进，另觅新途。正因为牦牛有这么多优点，所以藏族牧民亲切地称它为"诺尔"（宝贝之意）。

牦牛的经济价值

牦牛是生长在高原上的一种特有牛种，是乳、肉、皮、毛兼用的家畜，经济价值很高，又是藏族人民的主要运输工具。牦牛的食用价值较高。它的肌肉纤维比黄牛粗，但比黄牛肉香，含蛋白质高，脂肪少。每头母牦牛的体重一般在200千克左右，公牦牛重达250～300千克，净肉率超过40%。牦牛奶的营养成分较高。同世界著名牛种荷兰奶牛相比，牦牛奶产量虽不如荷兰奶牛高，但奶汁比荷兰牛奶浓，含脂量一般在7%～8%，有的达到10%，比荷兰牛奶几乎高出一倍。而且，牦牛奶的蛋白质含量、发热量也大于荷兰牛奶。荷兰牛奶每千克发热量2500～3000千焦，牦牛奶每千克发热量则高达4182千焦。牦牛的皮、毛、绒是制革和毛制品的重要原料，尤其是牦牛绒，可以制成高级呢绒、毛毯等毛制品。名贵的"首相呢"，就是用牦牛绒和细羊毛混合纺织制成的。

由于自然环境等各种因素的限制，大部分牦牛至今仍处于原始牛种的状态，生产性能低，生长迟缓，晚熟，而且繁殖力低，周转慢，商品率不高。

斑　马

斑马是非洲最著名的动物之一。斑马共有3种——山斑马、帝王斑马、细纹斑马，从它们身上的斑纹图式、耳朵形状及体形大小即可将其区分，且三种斑马的生态习性都差不多。成年斑马体长2～2.4米，尾长47～57厘米，肩高1.2～1.4米，体重约350千克。斑马喜欢栖息在平原和草原（山斑马则居于多山地区），是群居性动物，常10～12只结成一群，有时也跟其他动物群结群，

如和牛羚乃至鸵鸟混合在一起。老年雄性斑马偶尔单独活动。它们跑得很快，每小时可达 64 千米，斑马经常喝水，很少到远离水源的地方去。它们还有一个特点，即使在食物短缺时，从外表看仍是又肥壮皮毛又有光泽。斑马是珍奇的观赏动物，但由于人们的过分捕杀，其中拟斑马已于 1872 年绝迹，山斑马也濒临灭绝。

斑马为什么长着斑纹

斑马原产于非洲，全身长满了黑白相间的光滑条纹，很像一幅人工描绘的图案，在阳光的照射下，显得非常美丽。斑马是一种珍贵的观赏动物。当你在动物园里欣赏这美丽的黑白斑纹时，你是否想过它为什么会是这般模样呢？斑马的条纹实际上是一种适应环境的保护色。在阳光或月光照射下，由于斑马身上的黑白颜色吸收和反射光线的不同，能破坏它身形的轮廓，远远看过去很难与周围环境区分开来。如果它站着不动，就是距离很近也很难发现它。这样可以减少被猛兽侵害的几率。这种保护色是长期自然选择的结果，那些条纹不明显的斑马逐渐被猛兽吃掉，条纹显著的就被保存下来，一代一代的遗传下来，就成了现在这样斑纹分明的斑马了。斑马身上条纹的宽窄与种类有关，美丽的条纹也可以为同种之间相识的标记。

斑马的生态习性

斑马以嫩树枝叶和青草为食，喜欢集群生活，常由一匹首领带着进行活动。斑马善于奔跑，听觉、嗅觉和视觉都很灵敏。但是抗敌能力较差，常遭狮子的侵害。因而觅食时轮流担任警卫，发现敌害即群集而狂逃。一群斑马一般是由一匹公马及其家族组成。在母马发情时，公马会占据一片地盘，不准外来动物入侵，但发情期过后它们又会随其他斑马群混在一起。

牛　羚

牛羚又名扭角羚、羚牛，自从 1850 年首次采集到牛羚标本以来，牛羚是属于羊亚科还是牛亚科，科学家一直争论未休，现在大家趋向于划归属牛亚科。牛羚总的形态像牛，体长 200 厘米左右，体重 250 千克左右。雌、雄均具角，角形弯曲特殊，呈扭曲状，故而称之"扭角羚"。其吻鼻部裸露，并以一明显的鼻中缝分开，前额隆起，尾短，四肢强健，前肢尤为发达。背毛短而松，但体侧下方披毛特别长。

牛羚的生态习性

牛羚产于我国西南、西北及不丹、印度、缅甸等地，栖息于海拔 2500 米以上的山地森林中，冬季又迁移至 2500 米以下的针叶林中的多岩区。夏季迁移至高处采食含多种维生素及淀粉的草本

植物，冬季进入高山台地或向阳的山地，群居生活，少则三五只为一群，多则数十只，或上百只。牛羚群平时活动时，一般有一只强壮者屹立高处瞭望放哨，

如遇敌害，"哨牛"会率领牛群冲向前去，势不可挡，直至脱离险境。牛羚看上去又粗又笨，但反应很敏锐，攀爬能力很强。它们主要吃树枝、树叶、竹叶、青草等。6~8月为繁殖期，每胎1仔。在我国主要分布于陕西、甘肃、四川、云南、西藏。属于国家一级保护动物。

斑　羚

斑羚又名青羊、山羊、野山羊。体形大小如山羊，但无胡须。体长110~130厘米，肩高70厘米左右，体重40~50千克。眼睛大，向左右突出，没有眶下腺，耳朵较长。雌、雄均具黑色短直的角，较短小。四肢短而匀称，蹄狭窄而强健。毛色随地区而有差异，一般为灰棕褐色，背部有褐色背纹，喉部有一块白斑。体毛厚密、松软且蓬松。

斑羚的生态习性

斑羚为典型的林栖兽类，栖息环境多样，常栖于有草的崎岖山岭上，或山林中的峻崖上。单独或成小群生活。它们多在早晨和黄昏活动，一般在固定的范围内。极善于在悬崖峭壁上跳跃、攀登，视觉和听觉也非常敏锐。它们主要吃各种青草和灌木的嫩枝叶、果实等。秋末冬初繁殖，孕期6个月左右，每胎1~2仔。斑羚分布于东北、华北、西南、华南等地，属于国家二级保护动物。

狒 狒

狒狒属猴科的一属，灵长目猿猴亚目狭鼻组猴科的一属，是灵长类中次于猩猩的大型猴类，体长50.8～114.2厘米，尾长38.2～71.1厘米，体重14～41千克；头部粗长，吻部突出，耳小，眉弓突出，眼深陷，犬齿长而尖，具颊囊；体型粗壮，四肢等长，短而粗，适应于地面活动；臀部有色彩鲜艳的胼胝；毛黄、黄褐、绿褐至褐色，一般尾部毛色较深；毛粗糙，颜面部和耳上生有短毛，雄性的颜面周围、颈部、肩部有长毛，雌性则较短。

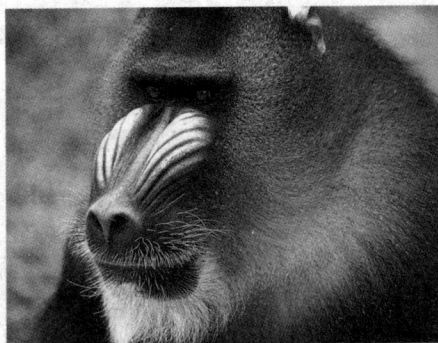

狒狒是世界上体型仅次于山魈的猴，共分为五种，都分布于非洲地区。过去的分类法把狮尾狒也归入狒狒属，现在已单独列为一属。雄性狒狒凶猛，敢于和狮子对峙。属于杂食类，但也能捕获小型哺乳动物。

狒狒是猴类中唯一集大群营地栖息的高等猴类，也是猴类中社群生活最为严密的一种，有明显的等级序位和严明的纪律，惩罚的残酷令人害怕。在野生状态下的狒狒群体，经过几年一个周期，就会发生争战，或分群或换王。因为以新换旧、以强换弱是狒狒王国的法则。狒狒一般性成熟在六岁左右，它的好斗自然也有争夺配偶的繁殖因素。通常先是向比它地位稍高的雄狒狒主动发起挑衅。说来有趣，这和某些人吵架一模一样，先是瞪眼睛、竖胡子，放开喉咙大叫或吼一通，进而撞台拍凳。但狒狒则是拍打地面进行威胁。如果原来地位高的心虚怕了就认输，那么自行退下承认青年狒狒的地位比它高。如果都不服，就开始拉拉扯扯，爪对爪、牙对牙厮打。结果会有三种情况：①打赢了，胆子越打越大，一直打到"大王"的地位，但在狒群中单靠蛮力也不行，也要会团结众狒，要会一点手段，即比较聪明。②打输了投降，主动抬起臀部，让胜方骑一下，承认自己地位卑下，可以免去进一步的惩罚——被活活咬死。③输了落荒离群而逃，逃到其他狒狒群中去若这一群狒狒群体较弱，过了一段时间，也许又争了一个王位，但那是非常少的幸运儿。

狒狒群体大的有200~500头，夜晚它们集体住宿在峭壁悬崖上，并有专门担任警卫的狒狒，遇有食肉兽侵袭，狒王率领年轻力壮的雄狒，与敌对抗，母狒和幼狒则迅速撤退。白天，狒狒为了觅食的方便，分成30~50头小群，分散觅食，每一小群都有一个首领带路，其他雄狒在两侧警戒，中间是母狒和仔狒，仔狒得到全群保护，一旦哪头雌狒生了幼仔，就会受到格外优待，怀中的幼狒，会让其他表示友好的雌狒抱一抱，这也是狒狒王国笼络感情的方式。

当然，狒狒群并非一直烽火争战，一般新王产生后在相当长一段时间会很安稳，而且繁殖增加，群体会迅速增长。这时的狒王也会主动对地位低下的雄狒、雌狒表示友好，为它们理理毛，这样会更加巩固它的地位，群狒也争相拍狒王的"马屁"，狒王只是象征性为臣狒理毛，而地位低的狒狒则尽力而作，故狒王的毛总是油光顺溜，最为光滑，一眼就能看得出。

森林大盗——野猪

野猪又称山猪，是家猪的近亲，属于偶蹄目猪科。野猪栖息在森林、灌木丛及低湿的蒿草中，在离农田很近的柞树林、杨桦林、灌木杂草丛生的山坡处经常能找到它们的踪迹。夏季常在林阴下及山间有水的地方成群活动，而冬季多在背风向阳处活动。野猪体形似家猪，但头部细长，吻部显著向前突出，呈圆锥形，两耳耸立，四肢较短；背上鬃毛显著，长达140毫米；躯体被有刚硬的针毛；雄猪身长可达2米，体重多达350千克，雌猪则比较小；最可怕的是雄猪的上犬齿呈弧形，向上弯曲成獠牙状，并且终生生长不绝。若在林中遇此兽，定会让人心惊胆战。

林中一霸——野猪

野猪体毛为黑色，但幼猪体色淡褐，背部有6条浅黄色纵纹，腹部和四肢内侧为白色。野猪多在夜间活动，并且除了体大的雄猪单独行动外，一般都是几头到几十头不等地成群活动。它们无固定的栖居场所，过着游荡的流浪生活。只在冬季极为寒冷及繁殖时才筑巢，巢多建在温暖向阳的僻静之处，以树枝、灌木、杂草构筑，呈圆锥形或半球形。野猪嗅觉与听觉敏锐，如有声响便迅速逃跑，视觉较差。它奔跑速度很快，并善于洇水。夏天喜欢在泥塘中打滚，使身上糊满泥巴，从而避免蚊、蝇的叮咬。野猪虽然平素不喜欢主动攻击人或其他动物，但它防御时却异常凶猛，尤其是离群的孤猪，它那对锋利的獠牙常常能把其他动物一撕几段，即使老虎有时也不是它的对手，因此野猪堪称林中的一霸。

野猪的生态习性

野猪是一种普通的，但又使人捉摸不透的动物，白天通常不出来走动。一般早晨和黄昏时分活动觅食，是否夜行尚不清楚，中午时分进入密林中躲避阳光，大多集群活动，4～10头一群是较为常见的。野猪的食性极杂，常吃橡果、松子、幼嫩枝叶、草根、草籽、野菜、蘑菇及野生浆果等，有时也吃动物的尸体、蚂蚁及昆虫。甚至在庄稼成熟时，常到地里盗食玉米、白薯等农作物。它和家猪类似，也有拱土觅食的习性。野猪的繁殖率和小猪的成活率都很高，一

般每年 10 月交配，第二年 4 月产仔，每窝产仔 5 ~ 13 只。仔猪生下后一周即可跟随母猪外出活动。

野猪与猎手的博弈

野猪分布于欧亚大陆的中南部，中国也有广泛分布。野猪不仅凶猛、机警而且顽强、狡猾，善于在茂密的丛林中飞跑。对一个猎手来说，对付一头野猪的危险性绝不亚于一头猛虎，但这种危险恰恰给猎手带来极大的刺激，过去如果能猎获一头强壮的大野猪，实为荣耀。猎人经常根据野猪的生态习性，夏季在低山树阴和山涧两岸搜索，冬季在高山朝阳处寻找踪迹，摸清野猪经常走的路，根据吃过的树叶、留下的足迹和经过路旁粘在柴草上的泥点，可以辨别踪迹是否新鲜，如果确是新痕迹，证明野猪刚刚过去，立即追踪，发现野猪后，即安排猎取。野猪现属国家二级保护动物。

梅 花 鹿

梅花鹿又名花鹿、鹿，是一种中型鹿，体长 140 ~ 170 厘米，成年鹿的体重 100 ~ 150 千克，雌鹿较小，雄鹿有角，一般 4 叉。背中央有暗褐色背线。眼大而圆，眶下腺呈裂缝状，泪窝明显，耳长且直立，颈部长。四肢细长，主蹄狭而尖，侧蹄小。尾短，背面黑色。毛色随季节的改变而改变，夏毛棕黄色，遍布鲜明的白色斑点，状似梅花，所以称为梅花鹿。冬季体毛呈烟褐色，白斑不明显，与枯茅草的颜色类似。

梅花鹿生活于森林边缘或山地草原地区，季节不同，栖息地也有所不同。雄鹿平时独居，发情交配时归群。晨昏活动，生活区域随着季节的变化而改变。以青草树叶为食，舔食盐碱。9～11月发情交配，繁殖期间雄鹿饮食显著减少，性情变得粗暴、凶猛，为了争夺配偶，常常会发生"角斗"，头上的两只角就成了彼此互相攻击的武器，这种"角斗"在鹿类中是一种非常普遍的现象。

雪域高原的白唇鹿

白唇鹿生活在海拔3500～5000米寒冷的青藏高原上，是那里特有的野生鹿，也是现存鹿类中分布海拔最高的鹿种。白唇鹿被当地藏民叫做"卡夏"，意思是雪嘴，因为它的嘴像雪一样白。为了适应高原的稀薄空气，白唇鹿的鼻部变得十分发达。白唇鹿身上的毛是空心的，非常适于抵御高原的严寒；当泅水过河时，这身皮毛又仿佛是一件救生衣，为白唇鹿增加了不少浮力。严酷的生存环境造就了白唇鹿强健的躯体，野生的成年白唇鹿，大的体重可达250千克。

白唇鹿并没有固定的进食和休息地点，哪里水草丰美，鹿群就会常去哪里，如果受到惊吓，它们就会逃跑，可能要三五天之后才会返回。三四月份，公鹿老化的硬角开始脱落，不久它们的头上就会逐渐隆起，长出一对嫩角。在鹿的家族中，除了驯鹿，雌雄都能长出角以外，其他鹿类只有雄性才会长角，难怪雄白唇鹿整个春夏都小心翼翼地保护着它们引以为豪的美丽武器。自 1883 年白唇鹿被人命名以来，它们一直在这里生息、繁衍，用自身的存在向人们展示高原的温存和博爱。

猞　猁

猞猁是中型猫科动物，其体形小于狮、虎、豹而大于一般猫。猞猁身长约1 米，体重 15 ~ 20 千克。尾极短，仅 20 厘米左右，只占身长的 1/5 或 1/6，且上半截黄色，下半截黑色。体色一般为淡黄及灰褐色，有时夹杂有不少暗斑，有些像豹。在两耳的尖端有一撮耸立的笔毛，长约 5 厘米。耳壳和笔毛能向声源方向活动，如剪去笔毛就会影响它的听力，故笔毛有集声作用。雄猞猁喉部和两颊后方生有长颊毛。前腿短，后腿长，因此臀部高于肩部。

猞猁基本上是属于北温带寒冷地区的动物，分布十分广泛，包括北欧、东欧、中亚、南欧、北美等地。我国产的猞猁是普通猞猁的一个亚种，分布在内蒙古、东北、山西、河北、新疆、青海、甘肃、西藏等地。猞猁生活环境相当复杂，能生活于山区茂密的森林中，或有岩石和小丘陵的草原上，也能生活于3000～5500米的高山裸岩和矮丛林，或低海拔的针叶林区。由于猞猁体毛厚长，所以能耐寒，不畏风雪。它善于爬树，能游泳，但不喜下水。猞猁一般2岁成熟，春季繁殖，每胎2～4仔。寿命约12～15年。猞猁皮又软又厚，是一种重要的毛皮兽，现被列为我国二级保护动物。

美人鱼的原型——儒艮

大海中到底有没有美人鱼？根据现代许多海洋生物学家的调查研究，海洋之中确有一种动物，从远距离看，上半身很像个成熟的女人，胸前有一对大大的乳房。

这种上半身像女人的海洋动物叫什么呢？动物学上叫做"儒艮"，亦称"人鱼"。它是海洋中的一种哺乳类动物而不是鱼类。儒艮的头呈长圆球形，远看很像是人头。前肢是胸鳍，长达尺余，骤然看来好像是人的一双手；胸前有两个大乳房；后肢则退化为蛾眉状的尾鳍，它常可利用胸鳍和尾鳍支持身躯，使头部和上半身直立露出水面，远看宛如一位裸女在海水中踏水游泳。儒艮哺乳时，用两胸鳍抱着幼儿，就如同妇人抱子哺乳似的。儒艮的身体表面呈灰色，

没有鳞，只有很稀疏的少许毛。由此可见，古人传说海中美人鱼，并非凭空捏造出来，只是由于未经详细观察，文人笔下又常故意将之夸张，绘影绘声，以致历代的人疑神疑鬼，成了 1000 多年来的未解之谜。

1931 年 1 月，我国的渔民首次在台湾南部近岸的海洋中捕获一条儒艮，长 3 米，重 200 千克。1955 年 6 月，广东渔民在广东北海市高德镇的海边也捕到一条儒艮，亦有 3 米长，但有 400 千克重。

法国一位博物学家在 1741 年于北美阿拉斯加探险，归途遇逆风，所乘船漂到白令岛，在那里，他发现了儒艮。儒艮的数量一向都不多，近年更为罕见。据说儒艮的肉相当鲜美好吃，它的皮下脂肪很厚，富含维生素 A、维生素 D，可用于制造鱼肝油。

日本的渔民很喜欢捕捉儒艮。红海沿岸地区的人，也喜欢捕捉儒艮。它的皮晒干可作修补茅屋的材料。儒艮的脊骨和肋骨大而坚硬密致，有人用之作象牙代用品。南洋一带有些土著人，用儒艮的门齿雕刻作装饰品。他们的酋长挂在身上的勋章，有的也是用儒艮的门齿制成的。儒艮已日益稀少，故应是受到保护的海洋哺乳类动物。

穿 山 甲

穿山甲的背看起来像房顶的瓦片，重叠的角状鳞片把这些动物与所有其他旧大陆哺乳动物区别开来。从下面的薄皮肤里长起来的鳞片，保护了穿山甲除下腹以及四肢内侧表面外的其他所有部位。这些鳞片会周期性地脱落和更新。

在非洲，大量的穿山甲被抓住并在野味市场上销售，最后被人们杀死取肉，鳞甲则会被传统制药业制成药品。结果南非穿山甲的数量大减，已经到了濒危的地步了。在亚洲，弄成粉末状的穿山甲的鳞甲被认为有药物疗效以及壮阳功效，而且这些动物被不加选择地猎捕。除非采取有力的措施，不然三种亚洲穿山甲的数量将会继续减少。

一套合适的盾甲

穿山甲在吃蚂蚁和白蚁方面很专业，与南美洲的食蚁兽一样，它们用长而窄的舌头探入蚁巢寻找猎物。大穿山甲像皮带一样的舌头能伸长 40 厘米，总共能达 70 厘米长，隐藏在一直延伸到骨盆上的一个连接点的鞘形壳里。大量的唾液腺能将黏性唾液分泌到舌头上，这些唾液腺的体积大约有 360 ~ 400 立方厘米，隐藏在胸腔里的凹陷处。穿山甲简单的头部缺乏牙齿和咀嚼肌，吃下的蚁类在专门的角质的胃里被碾碎。穿山甲有一个圆锥形的小头，头上还有一对退化的或者看不见的外耳，身体呈长形，结实的尾巴与身体平滑地连成一体。进食时，厚厚的眼睑保护着眼睛不被蚁类咬伤，专门的肌肉则能关闭鼻孔。四肢粗短有力，末端的 5 个趾上有爪，前脚中间的 3 个爪有 55 ~ 75 毫米长，而且能

够弯曲。

非洲的4种穿山甲中有2种主要是树栖型，栖息在从塞内加尔岛到东非大裂谷的雨林地带。一般的小型树穿山甲的领地范围为0.2~0.3平方千米，活动在森林里比较低的地面；更小的长尾穿山甲经常成天移动以避开更大的穿山甲，它们寻找悬挂着的松软的蚂蚁和白蚁巢（更喜欢树栖的蚁类），或者袭击在树叶间穿行的蚁类纵队。这两种穿山甲都有一条瘦长但是缠绕树枝非常有力的尾巴（长尾穿山甲尾巴上有46或47个骨节，是哺乳动物里的一个最高纪录），尾巴尖上有一小块感觉敏锐的裸露肉垫。它们攀爬一棵垂直的树的时候，会用前爪获得一个支撑点，然后拉动后肢向前肢靠拢，尾巴鳞甲的边缘这个时候会为它们提供额外的支持。这些树栖穿山甲在高处睡觉，在附生植物（长在树上的植物）之间蜷曲起来或者就在树杈上睡觉。

陆栖的非洲穿山甲比它们的树栖"亲戚"们体型大，出现在从森林到空旷的稀树草原这类栖息地里。它们在别的挖洞动物的洞穴里睡觉。作为抵御天敌的保护方式，穿山甲能紧紧地蜷曲成一个球，鳞片形成一个防护罩，使得它们能够防御除了大型猫科动物和鬣狗之外几乎所有的天敌。它们用有力的爪子摧毁地面上白蚁和蚂蚁的巢穴，大穿山甲一晚可以吃掉20万只总重约700克的蚂蚁。因为它们有巨大的挖掘用的爪子。陆地穿山甲走路很慢，用它们前脚的外部边缘踩地，爪子则弯起来不触地。这种有装甲的动物，因为有着古怪的慢吞吞的步法和叶片状的鳞甲，所以人们把它们与到处可见的朝鲜蓟联系在了一起。但实际上，所有的穿山甲都可以很快地以5千米/小时的速度奔跑，奔跑时用后腿站立起来，用尾巴作为支撑。

亚洲穿山甲与非洲的同类相比没那么大的知名度，辨别它们主要通过身上鳞片下面的毛。另外，亚洲穿山甲都是夜行的以及陆栖型的，但也有很强的攀爬能力。它们生活在草地上、亚热带的荆棘林中、雨林里以及多山的几乎没有任何植被的荒地区域。中华穿山甲的地理分布范围据说接近于它们的首选食物种类——地下白蚁的分布区域。

由气味联系

虽然穿山甲经常是独居的，但它们仍有社会行为，这种行为主要受气味控制。每一只穿山甲通过在领地周围留下粪便和尿液来表明它的存在，并且用尿液和肛腺里的分泌物在树上做标记。这些气味可能传递了主人的优势和性别状态，促进个体的识别。穿山甲的发声仅限于喘息声和嘶嘶声，声音是否具有社会功用还不清楚。

穿山甲一般一次只哺育 1 只 200～500 克重的幼仔，虽然曾经有报道称亚洲有些种类的穿山甲一胎会生 2 只甚至 3 只幼仔。在树栖种类的穿山甲中，幼仔出生之后马上就爬到母穿山甲的尾巴上并紧紧地抓住，可能一直以这样的方式被母穿山甲带着直到 3 个月后断奶。当有危险出现时，母穿山甲会蜷起来把幼仔裹在中间以保护它们。陆栖穿山甲在出生时有着很小很软的鳞甲，在最初的 2～4 周里一直待在母穿山甲的尾巴上。所有的穿山甲分娩一般在 11 月到次年 3 月之间，性成熟大约需要 2 年时间。

"热带雨林之王" 美洲豹

美洲豹是西半球最大的猫科动物，又称美洲虎，曾被人们奉为"热带雨林之王"。南美的印第安人总是把美洲豹描绘成能够在智慧上和搏斗中战胜所有对手的动物。美洲豹栖息在森林、丛林、草原上。它们总是单独行动，白天在树

上休息，夜间出来捕食，它们善于游泳，也很善于攀爬。美洲豹捕食鱼、貘，以及一种叫水豚的大型啮齿类动物。美洲豹的捕鱼技巧与它们的捕猎技巧同样高明。当它们在水中活动时，比其他任何一种大型猫科动物都更为潇洒自如。

美洲豹的生态习性

美洲豹十分强壮，即使搬运一只个头很大的鹿，走很远的路，对它来说也是轻而易举。它把猎物运到丛林中一个十分寂静的角落，隐藏起来。捕猎之后，美洲豹先休息，然后去喝水，似乎完全忘记了它十分饥饿的事实。喝完了水，解了渴，美洲豹才漫不经心地绕回到它贮藏猎物的地方，卧下来享受它的美餐。在它休息好之前，它既不会碰，更不会吃它的猎物。这是一种让人迷惑不解、鲜为人知的行为模式。这种大型猫科动物，平均体重大约有150千克，一次进食将吃掉7~8千克的肉。

美洲豹的生存现状

美洲豹曾经活跃在中美洲和南美洲的所有的热带雨林中。在南美洲各处都可以发现它们的踪影，连极南边的巴塔哥尼亚高原也不例外。但是现在，只有在亚马孙河流域，才能看到它们的身影。因为这一地区至今还保存着地球上最大、最完整的热带雨林。即使是在这一地区，森林也遭到了很大的破坏，因此，美洲豹的生存也受到了严重的威胁。美洲豹毛皮上那些美丽的颜色和斑纹是一种很好的保护色，但同时也给它们带来了灾难，数以千计的美洲豹遭到人类的屠杀。至于北美洲，美洲豹已经绝迹。

犀　牛

犀牛有庞大的身躯、坚韧的皮肤、突出的触角，这些使得人们一看到它们，就容易将其和恐龙家族而不是随后出现的哺乳动物联系在一起。实际上，这也有一定的合理之处，因为犀牛确实有着古老的祖先。

犀牛和大象以及河马都是那些幸存下来的曾经繁荣且多样化的巨型草食动物的代表性物种。4000 万年前的第三纪有很多种犀牛，而直到 1.5 万年前的最后一次冰川期，欧洲才出现了羊毛犀牛。尽管那些灭绝的犀牛有着不同数量和排列类型的触角，但它们都是很庞大的。目前在 5 种幸存下来的犀牛中，2 种处在灭绝的边缘，另外 3 种也正在遭受越来越严重的威胁。

哺乳动物中的恐龙

犀牛因为它们那与众不同的身体特点而被命名（名字来源于希腊语，意思是鼻角）。和羚羊、牛、绵羊的触角不一样，犀牛的触角没有多骨的核，其触角由位于头骨上粗糙区域集中起来的角蛋白纤维组成。黑犀、白犀（两种非洲种类）和苏门犀有一前一后 2 个触角，前面的通常大一点；印度犀和爪哇犀在其

口鼻部末端只有 1 个触角。

　　犀牛有短而结实的四肢，以支撑它们巨大的身体重量。每只脚上的 3 个趾常使它们留下特殊的梅花状的印迹。印度犀皮肤上有着突出的褶皱及块状物，所以看起来有装甲板的感觉。白犀颈背有着突起的肉块，使得韧带可以支撑住其巨大头部的重量。成年雄性白犀和印度犀比雌性要大很多，相比之下，其他种犀牛的雌雄大小很相似。黑犀有着适于抓取东西的上唇，可用于握住木质类植物的枝梢；而白犀则有着延长的头骨和宽大的唇，来获取它们所喜爱的短草。这两种犀牛的颜色没有多大的改变，它们得到的通用名字很可能起因于当地的土壤颜色渗到了那些首先被发现的样本个体身上。

　　犀牛的视力很差，在超过 30 米的地方就无法侦察到静止不动的人。它们的眼睛长在头的两侧，所以为了看清正前方的东西，它们首先用一只眼凝视，然后用另一只。它们有着很好的听觉，通过转动管状的耳朵，收集细微的声音。但它们几乎都是凭借嗅觉来感知周围的事物，它们嘴中嗅觉管道的容积超过了整个大脑的体积。

　　在没有人类干扰的情况下，犀牛有时能发出嘈杂的多种声音。不同种的犀牛发出不同的喷鼻声、噗噗声、吼叫、尖叫、抱怨声、长声尖叫以及类似雁的叫声。喷鼻声大多数时候被用来维持个体间的距离，而尖叫声被这些笨重家伙用来作为寻求救护的信号。雄性白犀会通过长声尖叫阻止母犀牛离开它们的领地，而当公犀牛教训其他个体时，通常会发出尖锐的气喘声。另外公犀牛示爱时会发出柔和的嗝喘声。

　　犀牛比较特殊的一点是：雄性的睾丸并没有沉入阴囊中，其阴茎在收缩状态下是朝后的，因此无论雌雄，都是直接尿向后方。雌性位于后腿之间的地方有 2 个奶头。现存的 5 种犀牛属于犀牛科里 3 个不同的部族，苏门犀是起源于大约 2000 万年前的中新世的双角犀族中唯一幸存下来的代表。印度犀和爪哇犀在 1000 万年前的印度有着共同的祖先，而已经灭绝的羊毛犀牛是这一部族中其他家族的最后形态。非洲犀族，在大约 1400 万年前的中新世中期有同一个非洲祖先；两种现代犀牛属（白犀属和黑犀属）在距今 500 万年前的上新世早期开始脱离分化。

犀牛现在的分布受到狩猎和栖息地消失的极大影响，尤其是黑犀的分布范围正在急剧缩小。20 世纪 60 年代时，黑犀还漫步在除了热带森林外撒哈拉以南的非洲，栖息于肯尼亚的多山地区（最高可达海拔 3000 米）、马里、纳米比亚的多石沙漠以及从赞比亚到莫桑比克的灌木丛林带中，现在其分布则非常不均匀，大部分幸存者仅仅局限在禁猎保护区的范围里。

数以千克计的食物

所有的犀牛都是依靠树叶等植物的植食动物，它们每天都要摄取大量的食物来维持它们庞大的身体。一头有腹膜炎的雌性白犀死时胃里的草料总量重达 72 千克，是自身体重的 4.5%，这大致是其一天要吃掉的食物数量。由于庞大的体型及强大的大肠发酵能力，它们能够容忍相对高纤维含量的食物，但在可能的情况下，它们更钟爱有营养的叶状的食物。两种非洲犀牛都没有门齿和犬齿，只用它们的嘴唇去吃草。亚洲种类有门齿，而苏门犀还有犬齿，但这些都更多地用来争斗而不是采集食物。白犀宽大的嘴唇使得它们吃东西时可以咬一大口，因此在一年中的大部分时候，它们都能从所钟爱的草地上采集到足够多的食物。在干旱季节，当短草都已经枯萎时，它们在树阴遮蔽的地方寻找那些主要包括大黍草的植物，最后再转向那些高高直立的以黄背草为主的食物。黑犀能用它们适于抓取的唇来获取木质的食物，它们喜欢的种类包括金合欢树、大戟属植物，还包括那些有乳状汁液的多汁植物，非草本植物也是其食物中的重要部分。

印度犀用它们灵活的上唇采集比较高的草和灌木，但当需要吃短草时，它们也可以把唇折叠起来。它们更喜欢比较高的草类，尤其是甘蔗属植物。但在冬天，其 20% 的食物都是木质的，它们也寻找滑桃树上掉下来的水果。爪哇犀和苏门犀是特有的吃嫩枝叶者，它们经常弄倒小树来吃枝叶。和非洲黑犀一样，它们也吃某些特定的果实，苏门犀常吃的水果包括山竹和芒果。

所有的犀牛都离不开水，在条件允许的情况下，它们几乎每天都在小池塘和河流中喝水。在人工圈养的情况下，一头白犀每天要喝 80 升的水，但在野

外，这个数字可能要小一些。在干旱的条件下，两种非洲犀牛可以不喝水而存活 4~5 天。

犀牛经常会在水坑中打滚，印度犀尤其会花很多时间躺在水里，而非洲犀牛经常用湿泥涂满它们的身体。水可以带来清凉，而湿泥则主要用于保护它们免受飞虫的叮咬（尽管犀牛有厚厚的皮肤，但它们的血管只在一层薄薄的表皮之下）。

社会性的独居者

对于大型的诸如犀牛这样的哺乳动物来说，生命历程较为持久。雌性白犀和印度犀在大约 5 岁时开始经历第一个性周期，6~8 岁时经过 16 个月的怀孕期后，会产下第 1 只幼仔。在体型小一些的黑犀中，雌性要比白犀和印度犀提前一年繁殖后代。犀牛每胎只能产 1 只幼仔，产崽的间隔期最短也需要 22 个月，大部分是 2~4 年不等。刚出生的小家伙相对很小，只有母犀牛体重的 4%（白犀和印度犀幼仔只有 65 千克，黑犀幼仔只有 40 千克），雌性在哺育期间与别的犀牛是隔离的。白犀幼仔出生后 3 天就可以跟在母犀后面行动了，而印度犀中的母犀有时会在离幼仔 800 米远的地方觅食。白犀和印度犀的幼仔一般会在母犀的前面跑，这样可以得到更好的保护，而那些栖息在矮树丛中的黑犀幼仔通常跟在母犀的后面。在受到威胁的情况下，母白犀会站在其幼仔身边保护它们。

在野外，雄性犀牛 7~8 岁就已经成熟了，但直到 10 岁左右，它们拥有自己的领地或者取得统治地位时，才能得到交配机会。

幼仔在一年中的任何时候都可以出生，但雨季是非洲犀牛的交配高峰期，因此大部分幼仔会在旱季初期出生。母犀牛可以用母乳给幼仔提供营养，以便度过那段艰难的时光。尽管白犀的幼仔 3 个月大时就可以啃草了，但却需要由母犀看护到 1 岁大小。

成年犀牛大部分都是独居的，但母犀会一直和最近出生的幼仔待在一起，直到幼仔 2~3 岁时，为了下一个幼仔的出生小犀牛才会被迫离开。然而那些不成熟的雌雄个体或者还没有生育幼仔的成年雌性有时也会成双结对，甚至组成更大的群体——在白犀中这种临时群体通常包括10个甚至更多的个体。带着一头幼仔的雌犀牛，加上一头大一点的小犀牛而组成三成员群体，在白犀牛中也并不罕见，虽然这头雌犀牛一般不是那头比较大的小犀牛的母亲。没有幼仔的成年雌性犀牛也十分乐意带着那些年轻的小犀牛。除了和发情的雌性短暂地在一起待一段时间之外，几乎所有的成年雄性都是独居的。

白犀和印度犀一般的生活范围是10~25平方千米，而在低密度分布地区，可能会达到50平方千米，甚至更大。雌性黑犀的生活范围从3平方千米的森林小块地，到高达近90平方千米的干旱地区不等。

所有种类的雌性其生活范围都在很大程度上重叠，因为它们不需要占有领地。雌性白犀通常参加"鼻碰鼻的友好会议"，它们可以很文雅地互相摩擦触角，而印度犀则对任何密切的接触都很抵触。然而，它们中快要成年的个体都会接触那些成年雌性、幼仔及其他未成年的个体，进行"鼻碰鼻的友好会议"或者顽皮的摔跤较量。

所有种类的雄性都会加入到会导致严重受伤的残酷争斗中，两种非洲犀牛通过它们前面的触角来较量。在种内战斗可能导致毁灭性后果的物种中，黑犀最为典型——大约50%的雄性和33%的雌性由于战斗留下的创伤而死亡。它们为什么如此好斗，人类不得而知，但不管怎样，有着高死亡率的犀牛的数量恢复很慢。亚洲的犀牛会张开大嘴，用它们长尖的下门齿来进行攻击，而苏门犀则是用它们的下犬齿。

黑犀以具有无缘由的进攻性而闻名，然而它们通常只是以盲目的疯跑来赶走入侵者。印度犀受到骚扰时，经常会充满进攻性地狂奔。在一些犀牛占据的避难所，它们还时不时地攻击大象。

形成对比的是，白犀尽管体型庞大，但其实很温和，天生没有攻击性。包括那些快要成年的白犀在内的一群白犀，经常臀部互相紧贴，朝着外面的不同方向站立，形成保护阵形。这样或许可以成功地保护那些小犀牛不受诸如狮子和鬣狗这样的食肉动物的攻击，但是对付装备了武器的人类却无能为力。

最近，很多白犀在动物园里被大象杀害，因为这些地方引进了在优胜劣汰竞争中留下的小象"孤儿"，也许是由于青春期误导致使它们表现出攻击行为。

不稳定的存在者

关于危机和保护研究方面有一个案例是黑犀。从 20 世纪 70 年代到 90 年代末期，大量的黑犀被残忍地屠杀，据估计，其数量由 10 万只直线下降到不足 3000 只。20 世纪 70 年代中期，《濒危野生动植物种国际贸易公约》把犀牛纳入受保护物种内，但是收效甚微。偷猎者只是为了将犀牛角卖到黑市上，这些犀牛角主要流向也门和亚洲其他地区。在也门，犀牛角被加工成匕首的柄，男人佩戴它可以象征他们的地位；在亚洲其他地区，犀牛角还被用做传统药材。人们遏制这种屠杀的措施有多种，诸如与村民合作，开展教育项目，寻求更多的保护等一些传统的做法，还包括将犀牛转移到非洲的安全地方，甚至非洲以外地区等激进想法。有争议的做法包括一发现就处死偷猎者（在津巴布韦）及去掉犀牛触角（在津巴布韦、纳米比亚和斯威士兰）。处死政策被证明效果不佳（尽管有 150 名偷猎者被处死），而去掉触角也遇到了各种麻烦和经济问题。

鼓舞人心的是，现在在一些大的保护区，仍然有黑犀出没，有些保护区面积超过 2 万平方千米（比如南非的克鲁格国家公园和纳米比亚的伊托沙国家公园）。除此之外，所有其他种群都是被圈养的。唯一的例外出现在纳米布沙漠，在那里有一个黑犀种群，其密度低到每平方千米 0.002 头。

现在，犀牛的存活首先依赖武装保护及对旅游收入的合理利用。目前犀牛和其他动物还能够在公园和保护区里共存，然而从长远来看，保护者们依旧不知道怎样解决犀牛基因单一及过度拥挤带来的问题（包括和大象间的争斗）。此外，传统中药市场的繁荣也会带来持续的偷猎威胁。

白 犀 牛

白犀牛与黑犀牛是非洲最著名的犀牛种类。白犀牛与它的近亲黑犀牛有许多不同。它们生活在南部和中部非洲的大草原和林地。它们要求生活的区域地形比较平坦，有灌木作为掩护，同时草场和水源丰富。白犀牛一般来说比较温顺，没有门牙和犬牙，它们使用嘴唇采集食物。20世纪，白犀牛分布在许多非洲国家。现在白犀牛已经成为濒临绝种保育类野生动物。

树 袋 熊

现在树袋熊是澳大利亚的标志性动物，也是世界上最具有超凡魅力的哺乳动物之一，但情况并非一直这样。早期的欧洲定居者认为它们懒惰，并为了获取它们的皮毛而大量杀掉它们。这种动物的生存面临的更严重的威胁来自于人们对森林的清除，大规模的森林大火，以及引进的动物性疾病（特别是家畜所带来的衣原体疾病）。

对树袋熊的威胁在1924年达到了高峰，当年有200多万张树袋熊皮出口。在那之前，这种动物在澳大利亚南部已经灭绝，并在很大程度上从维多利亚和新南威尔士州消失掉了。公众开始为它们大声疾呼，政府也颁布了狩猎禁令，加强了管理，这种衰减的趋势才得到了逆转。现在树袋熊再一次在其偏爱的栖息地变得相当常见。

大胃部，小脑袋

桉树属的树木在澳大利亚广为分布，而树袋熊正是与其紧密联系在一起的——它们几乎终生都在桉树上度过。其白天的许多时间都用来睡觉，只有不到10%的时间用来觅食，而其他的时间主要花在静坐上。

树袋熊对这种相对不活跃的树栖生活做了大量的适应。由于它们既不使用巢穴也不使用遮盖物，所以它们那无尾而似熊的身体覆盖着一层密密的毛发，能起到良好的隔绝作用。树袋熊大多数的脚趾上都长有极为内弯的、针一般锐利的趾甲，这使它们成为极高超的"攀援者"，能够轻松地登上树皮最光滑、最高大的桉树。爬树的时候，它们用爪抓住树干的表面，并用其有力的前臂向上移动，同时以跳跃的动作带动后肢向上。树袋熊前爪的钳状结构（第一趾、第二趾与其他三个趾位置相对），使得它们能够紧握住比较小的枝条并爬到外层树冠上。它们在地面上的敏捷度比较差，经常以四只脚缓慢行走的方式在树木之间移动。

树袋熊的牙齿适合处理桉树叶（桉树叶含有大量的纤维）。它们用臼齿（在每个颌上已经缩减为1颗前臼齿和4颗宽而高齿尖的臼齿）把树叶咀嚼成很细的糊状，然后这些东西会在盲肠里进行微生物发酵。相对于其体型而言，树袋熊的盲肠在所有哺乳动物里面是最长的，长达1.8～2.5米，3倍于它的身体长度甚至更长。

树袋熊有比较小的脑，这可能也是对其食用低能量食物的一种适应。脑是高耗能的器官，会不成比例地消耗掉身体全部能量预算的很大一部分。相对于身体的大小，树袋熊的相对脑量几乎是所发现的有袋动物中最小的。分布在南部的树袋熊脑的平均重量（平均体重为 9.6 千克）只有约 17 克，只占体重的0.2%。

雄性树袋熊的体重超过雌性50%，有一个相对比较宽阔的面部，一对相对较小的耳朵，还有一个比较大的散发气味的胸腺。雌性主要的第二性特征是其育儿袋内有 2 个奶头，向后端开口。

树袋熊实行广泛的"一雄多雌制"的交配体系，在这种体系下，某些雄性占据大部分的交配权，但是占统治地位的雄性与处于被统治地位的雄性对交配权分配的准确细节，还没有得到全面广泛的研究，尚需要进行清晰的阐释。雌性树袋熊在 2 岁大的时候进入性成熟期，并开始繁殖。雄性也可以在这个年龄进行繁殖，但此时的交配成功率通常很低，直到它们年龄更大（4~5 岁），体型大到足够对雌性展开成功的竞争时，这种情况才会得到改变。

追 随 森 林

树袋熊经常被认为是脆弱而稀少的物种，但实际上，它能够承受一定范围的环境改变。树袋熊所依赖的桉树森林分布广泛，但是分散而零碎，由此造成这种动物的分布也处于这种状态。

树袋熊的种群经常处于相隔遥远的状态，中间通常隔有宽阔的隔离带。即便如此，它们仍然在横跨数十万平方千米的地区里繁衍生息，这是纵穿澳大利亚东部的一条宽阔地带，从北昆士兰的阿瑟顿高原到维多利亚最南端的奥特韦角。

在此地带内，树袋熊令人惊奇地占据着多样性的栖息地，这些栖息地包括南部潮湿的山区森林，北部的热带蔓生灌木丛，以及西部半干旱地区的林地。它们的数量随栖息地物产丰饶度的不同而有显著变化，在物产丰饶的栖息地，降雨量大的南部地区，每平方千米分布数量可达到 800 只，而在半干旱地区，养活 1 只树袋熊可能需要 1 平方千米大的地方。

回报率比较低的食物

桉树作为常绿植物，持续不断地为食叶动物提供了可用的食物资源，1只成年树袋熊每天会吃掉大约500克重的鲜树叶。尽管有600多种桉树供树袋熊选择，但它们仅仅以其中的30种左右为食。偏食程度在种群之间有所不同。它们通常聚集到较湿润、物产更丰饶的栖息地里的树种上。在其分布范围的南部，它们偏爱多枝桉和蓝桉，而在北部的种群主要以赤桉、脂桉、小果灰桉、斑叶桉以及细叶桉的树叶为食。

桉树叶对大多数食叶动物而言并不适于食用（如果不是全然有毒的话）。桉树叶中包括氮和磷在内的基本营养物质的含量极低，并含有大量的难以消化的结构性物质，例如纤维素和木质素，而且还含有酚醛和萜烯（油类的基本成分）。最近的研究表明，这些物质化合之后最终形成的东西可能是树袋熊偏食的关键所在，因为，已经发现树袋熊对桉树叶的可接受性与某些毒性极高的苯酚一萜烯混合物呈反相关系。

树袋熊做了很多适应性改变，以使自己能够应付如此难处理的食物。有些树叶它们很明显地完全避开不吃，有些树叶中含有的毒素则能在肝中进行解毒并被排出体外。处理可用能量这么低的食物，需要做出行为习性上的调整，因此树袋熊睡得很多，一天最多可睡20个小时。这就造成了一个广为流传的说法：它们因摄食桉树叶中的化合物而变得麻痹。树袋熊还表现出对水分的高利用率，除了在最热的季节之外，它们从树叶中就可以获得所需要的全部水分。

独居而又惯于定居

树袋熊是独居动物，也是惯于定居的，雄性占据着固定的巢区。巢区范围的大小与栖息地环境的物产丰饶度相关联。在物产丰富的南部，巢区范围相对比较小，雄性占据的面积为0.015～0.03平方千米，雌性占据的面积为0.005～0.01平方千米；但是在半干旱地区，巢区的范围就要大得多，雄性常占据1平方千米或者更多地区。居于社会统治地位的雄性的巢区与最高可达 9 只之多的雌性的巢区相重叠（同样也与那些接近成年的雄性和处于隶属地位的雄性的巢区发生重叠）。

树袋熊主要在夜间活动，到了繁殖季节，成年雄性在夏季的夜晚会在很大的范围里走来走去。如果雄性遇到另一只成年的雄性，通常就会发生争斗；如果雄性遇上一只处于发情期的雌性，它们可能会进行交配。交配时间很短，一般少于 2 分钟，并在树上进行。交配的时候雄性从后面爬到雌性身上，通常把它抱在自己和树枝之间。

雌性每次生育 1 只幼仔，大部分是在仲夏（12 月至次年 2 月）进行生产。新生幼仔体重低于 0.5 克，依靠自己的力量从生殖口处爬到育儿袋里，并紧紧地附着在两个奶头中的一个上。在接下来 6 个月的育儿袋生活中，幼仔就靠吮吸这个乳头的奶汁成长和发育。5 个月之后开始断奶，断奶从幼仔以部分消化的树叶物质（从母树袋熊的肛门产生）为食开始。在这种柔软的物质产生出之前，母树袋熊能够在体内清除掉其中的比较硬的粪粒。幼仔把鼻子插入母树袋熊的这个地方就可能刺激它这么做。微生物在这些半流质食物里高度聚集，人们认为这是雌树袋熊把帮助消化桉树叶的微生物"嫁接"到幼仔的消化道里去。从这以后幼仔的成长开始变得很快，7 个月之后就能离开育儿袋，附着在雌树袋熊的背上四处游荡。大约 11 个月大的时候，它开始独立，但通常还要在靠近母树袋熊的周围继续生活几个月。

雄性在繁殖季节的头几个月不断地吼叫，这些叫声（包含一系列的刺耳的吸入声，而紧随吸入声之后有大声的呼出式的吼声）好像既是为了呼唤潜在的配偶，也是对与其竞争的雄性发出的温和的警告。一只雄性的叫声往往能引得这个地区所有的雄性发出一阵回应声。人们从雌性那里能够听到的唯一的大声的发声，就是一种悲号式的叫声——通常在雌性被一只成年雄性骚扰得不厌其烦的时候发出。在每年的这个时候，经常可以看到雄性对着树干摩擦它们的胸腺做气味标记，但是这种行为的具体作用尚需研究。

面临的境地

到目前为止，官方还没有对野生树袋熊的全部数量做出统计，但是非官方的估计从 4 万只到多于 100 万只不等。基因研究表明北部的种群和南部的种群之间有极大的相异性，还表明可能在北部有许多亚种群。

栖息地丧失正在威胁着许多树袋熊种群的生存能力，尤其是在它们分布范围的北部地区。城市和旅游业的发展占用了它们沿海地区栖息地的很大部分，在昆士兰中部的半干旱林地尤为严重，那里每年有大约 0.4 万平方千米的森林被清除，并成为牧区和其他农业用地。尽管环境保护主义者正在尽力阻止这种对树袋熊栖息地的破坏，但是在昆士兰中部那些保护性的农业地区，这是一个政治难题。

南部在管理上的难题，使得那里的树袋熊保护成为一个更为复杂的问题。从总体上来讲，树袋熊在澳大利亚大陆上成了一个稀有的物种，但是 19 世纪晚期在几个沿海岛屿上建立的树袋熊聚居地里却出现了数量过剩的问题。这个问题通过地点迁移得到了解决，在过去的 75 年里，有 1 万多只树袋熊被移置到了澳大利亚大陆上。

尽管地点迁移计划在树袋熊南部栖息地的大部分地区使其数量得到了恢复，但这同样给澳大利亚大陆上的许多残留的森林带来了因树袋熊数量过剩而导致的栖息地退化问题。通过优选来控制数量过剩的办法能够使用的范围极小，现在正尝试着用节育的方法来控制这些种群的数量增长。

朱　鹮

朱鹮又称朱鹭，是世界上一种极为珍稀的鸟，素有"东方宝石"之称。它体形中等，体长 70~80 厘米，体重约 1700 克。远看它的羽毛呈白色，近看全身微带粉红色，头顶和脚呈朱红色，枕部披着柳叶形的羽毛，羽毛竖起时又成冠羽，姿态秀丽。它分布在亚洲的日本、朝鲜及中国等地。它们的踪迹曾一度不见，1981 年，科学工作者在陕西洋县重新发现一群朱鹮，这一发现立即轰动了整个世界鸟类学界。因为，在 19 世纪以前，朱鹮曾广泛地分布于俄罗斯、中国、朝鲜、日本。但在近 100 年里，朱鹮的数量急剧下降，国际鸟类保护委员会早在 1960 年就已将朱鹮列入国际保护鸟的名单了。朱鹮是中国一级保护动物。

朱鹮的繁殖

朱鹮喜欢栖息在潮湿的沼泽和水田，它们会在溪流、沼泽及稻田内涉水，漫步觅食小鱼、蟹、蛙、螺等水生动物，兼食昆虫。在高大的树木上休息及夜宿。留鸟，秋、冬季成小群向低山及平原做小范围游荡。4~5 月份是朱鹮的繁殖季节，它们选择高大的栗树、白杨树或松树，在其粗大的树枝间，用树枝、草棍搭建一个简陋的巢，开始在那里繁殖。每年繁殖一窝，每窝产卵 2~4 枚，卵呈淡青色具褐色细斑。由双亲孵化及育雏，雏鸟约在 30 天后破壳，经哺育约 40 天后离巢。直到 3 年之后，小朱鹮才完全发育成熟，并开始生儿育女。

朱鹮之乡

　　1953 年和 1959 年鸟类学家曾在甘肃武都、康县采到过朱鹮标本。在 1981 年以前，鸟类学家最后一次见到野生的朱鹮是在 1964 年。然后在 1964～1981 年这十几年间，再也没人见过朱鹮的踪迹。从 1978 年起，中国科学院动物研究所的鸟类学家们组成考察队，调查了东北、华北和西北三大地区，跨越 9 个省区，行程 5 万多千米，终于在 1981 年 5 月于陕西省洋县境内的山林中发现 2 个朱鹮的营巢地。当时，这两对朱鹮都忙于哺育幼雏，这说明它们都是有繁殖能力的个体。说来也巧，正当鸟类学家们专心观察这两个稀世珍禽的家庭时，一只幼鸟从巢里掉了出来。幼鸟落到地面后，鸟类学家们立刻把它拣回，火速运到北京动物园。经过鉴定，这是一只雄性的小朱鹮。而且这只小朱鹮幸运地存活了下来。从此，野生朱鹮受到了有效的保护，陕西省洋县也成为著名的朱鹮之乡，并在那里建成朱鹮的自然保护区。朱鹮在条件更加优越的地方休养生息，繁育后代。

丹 顶 鹤

　　丹顶鹤是国家一级保护动物。丹顶鹤具备鹤类的特征，即三长——嘴长、颈长、腿长。成鸟除颈部和飞羽后端为黑色外，全身洁白。它头顶皮肤裸露，呈鲜红色，因而得名丹顶鹤。丹顶鹤寿命为 50～60 年。

丹顶鹤的生态习性

丹顶鹤在中国的松嫩平原、苏联的远东和日本等地繁殖，在中国东南沿海各地及长江下游、朝鲜海湾、日本等地越冬。丹顶鹤每年要在繁殖地和越冬地之间进行迁徙，只有在日本北海道有当地的留鸟，不进行迁徙。丹顶鹤几乎没有天敌，它目光锐利，行动敏捷，能飞善走，加上强劲有力的双足和尖而长的嘴，连老鹰都避它三分。我国在丹顶鹤等鹤类的繁殖区和越冬区建立了扎龙、盐城等一批自然保护区。

丹顶鹤为何用一只脚站立

丹顶鹤经常只用一只脚站立，这是为什么呢？原来丹顶鹤用一只脚站在岸边、沼泽等浅水地方时，是在休息。如同我们人类站着的时候，虽然两只脚都站在地面上，却是把身体的重量都放在其中一只脚上面，因为这样站着更舒服一点。丹顶鹤在休息时，不是始终用同一只脚，而是左、右脚交替着站，这样可以轮流放松，减少疲劳。同时用一脚站着，可以望得更远，可以更有效地防范敌人的突然袭击。如果在睡觉时敌人来了，马上就可以逃跑，要飞走，也比爬起来以后再飞快多了。而当它们站在湖塘中水较深的地方，或是觅食的时候，却是两脚都着地的，以便保持身体的平衡。用一只脚站着休息的除丹顶鹤以外，一般的游禽、涉禽、鸥类等也都有这种习性。

白 鹳

白鹳又称东方白鹳、老鹳，是一种比较大的候鸟。白鹳体形修长，体长约1200 毫米，翅长 600 毫米以上；嘴长而直，可达 210 毫米；颈与腿亦长。身体几乎为纯白色。肩羽、翼上大覆羽、初级覆羽及飞羽均呈灰黑色，大部分飞羽外羽呈银灰色。眼乳白色，外轮黑色；嘴黑色，下嘴腹面红色；眼周及颊部裸区红色。雌雄羽色相同，眼周、颊部裸区及腿脚均为红色。虹膜淡黄色外圈黑色，白鹳是德国的国鸟。

白鹳的迁徙

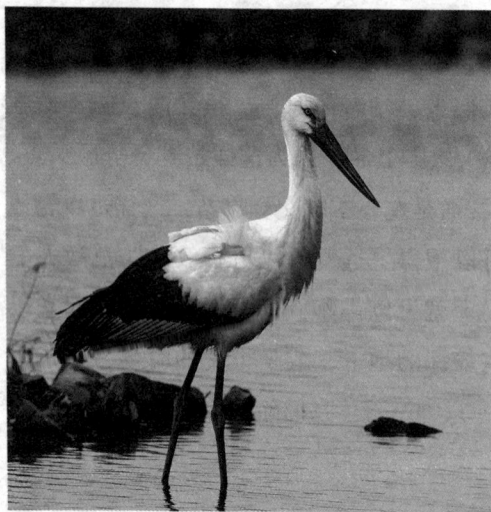

白鹳分布于我国东北、河北、长江下游以至福建、广东及台湾。国外见于欧洲、非洲、中亚、南亚（印度）和东亚（日本）等。它们栖息于开阔的沼泽和潮湿草地。步行时举步缓慢，常常喜欢一足站立。飞行慢。每年春季，它们从非洲的越冬地飞回到它们在欧洲的繁殖区。白鹳避开了广阔的水域，越过大陆，绕过地中海，飞向西方和东方，准时到达它们在莱茵河流域、德国北部平原、奥地利、匈牙利以及更远的东部平原的繁殖地。白鹳4月产卵，每窝产卵4枚，孵化期30~32天，幼鸟55~60日龄可飞出巢外，10月集群，11月南迁，在开阔的浅水中或滩涂盐蒿丛中集群过夜，第二年3月下旬北返。

白鹳的生态习性

白鹳爱吃的东西很多，主要有青蛙、昆虫、鱼、蚯蚓、爬行类小动物和啮齿类小动物。在非洲的越冬区生活时，它们还吃非洲蝗虫。白鹳不仅跟随割草机，还常常跟在运草车后面寻找食物，从这里它经常捉到肥胖的田鼠。白鹳喜欢在老树和居民屋顶上筑巢，和人类相处友好。

野生绿孔雀

野生绿孔雀生活在开阔的稀树草原及灌丛、竹丛地带，多靠近溪河沿岸活动。雄鸟全身翠蓝绿色，头顶有一簇直立的冠羽，尾上覆羽延长为尾屏，能展开如扇，又称"孔雀开屏"。雌鸟羽色没有雄鸟那样艳丽，也没有尾屏。雌鸟营巢在郁密的灌丛或高草丛中，每巢卵4~8枚，卵呈浅乳白色，重120克左右。由雌鸟孵化28天雏鸟出壳，系早成鸟，随母觅食活动，直至第二年繁殖季节。雌鸟2岁性成熟，雄鸟则要到3岁。寿命约25年。

野生绿孔雀是体型最大的雉科鸟类，体重 7000～8000 克。雄鸟全长约 140 厘米，雌鸟约 100 厘米。雄鸟体羽翠蓝绿色，下背闪紫铜色光泽。头顶有一簇直立的羽冠。尾上覆羽延伸成尾屏，可达 1 米以上，约有百余枚紫、黄、蓝、绿多种颜色构成的眼状斑纹，形成孔雀特有的尾屏。开屏时显得异常艳丽、光彩夺目。雌鸟羽色以褐色为主，带绿色辉光，无尾屏。虹膜，红褐色；嘴，角质色；脚，暗灰色。色彩不及雄鸟艳丽，下体近白色。栖息于热带和亚热带地区，海拔 2000 米以下的河谷地带，以及疏林、竹林、灌丛附近的开阔地。主要分布于泰国、越南、缅甸、印度东北部至中国云南南部及中部、东南亚和爪哇。

孔雀通常在草丛中寻找种子、浆果，也吃稻谷、嫩芽、禾苗，有时也会在河边捉食昆虫、蜥蜴、青蛙等。用强健的嘴直接啄食或用脚在地表抓扒后再用嘴啄取。

常常是一雄配数雌，三五只一小群活动。清晨云雾弥漫的时候，孔雀就悄悄走到河边，先汲水、理羽梳妆，然后才结队到树林里去觅食。中午时分，阳光强烈，它们就躲到树阴里去休息。几个小时之后，才出来四处觅食。直到黄昏降临，它们才飞回树林，躲在密枝浓叶当中睡觉。栖于沿河的低山林地及灌丛。雄鸟有精彩表演，向雌鸟炫耀它开启的尾屏。昏时立于栖木发出洪亮如长号般的叫声。

现因为猎取尾羽及吃食使其分布范围甚为狭窄，目前属于全球性易危物种。

白尾海雕

白尾海雕又称黄嘴雕、芝麻雕，是一种迁徙候鸟，尾羽是纯白色的，非常显眼。白尾海雕生活在沿海地区，繁殖于内蒙古东北部海拉尔和黑龙江省，冬季在长江以南越冬。白尾海雕主要以鱼为食，常在水面低空飞行，发现鱼后利用爪伸入水中抓捕。此外，也捕食鸟类和中小型哺乳动物，如各种野鸭、大雁、天鹅、鼠类、野兔、狍子等，也吃腐肉和动物尸体。白尾海雕的食量很大，但它们也很耐饥饿，它们可以 45 天不吃食物而安然无恙。白尾海雕习性懒散，有时几个小时蹲立不动。飞行时振翅缓慢，高空翱翔时两翼弯曲略向上。白尾海雕的全身羽毛几乎都有经济价值，翼羽、尾羽可制扇，尾下覆羽可作装饰羽。白尾海雕在我国数量稀少，已列为国家二类保护动物。

花 脸 齿 鹑

花脸齿鹑属鸡形目，雉科，是一类小型短尾巴的猎鸟。样子像鹧鸪，但比鹧鸪小，也没有鹧鸪那么健壮。亚洲、非洲、欧洲大陆大约有 95 种。美洲大陆大约有 36 种。

产于美洲大陆最大的一种鹑也叫山鹑。体重约 500 克。产于美洲中部的鹑有一个美妙的歌喉，所以有人叫它"歌鹑"。产于墨西哥的长尾鹑又叫树鹑，样子像松鸡，体长约 33 厘米。林鹑产于南美洲，栖息在大森林中。

亚洲、非洲、欧洲大陆鹑个子较小，色彩也比较平淡，喙比较平滑，脚上有距。其中最常见的是欧洲鹑。它是鹑类中唯一迁徙的鸟，在亚洲和非洲也常看到。产于东非的蓝鹑体长只有 13 厘米。这和产于印度的侏儒鹑都属于小型鹑。花脸齿鹑产于墨西哥索诺拉州及其附近地区。脸带黑色，脸亮栗色。数量稀少，属濒危动物。

美洲大陆的鹑的喙比亚洲、非洲、欧洲大陆的鹑的喙强健。北美鹑有20多种，分

布在从加拿大南部到危地马拉地区。

鹑喜欢栖息在辽阔的草原和灌木丛中。春天的时候，雌鸟产下大约 12 枚蛋，雄鸟和雌鸟轮流孵化。小鸟出世以后，第一年夏天和父母住在一起。鹑主要的食物是种子、浆果，有时也吃一些树叶、草根和昆虫。它们的肉和蛋味道鲜美，是猎人追逐的目标。

信 天 翁

信天翁属于鹱形目，是大型海洋鸟类，外形很像海鸥。但鼻孔很特殊，呈管状。信天翁的喙基部有隆起的鼻腺，是一种特殊的海水淡化器，可把体内过多的盐分排出。所以，它们能长期在海上生活，这也是海鸟共有的一种适应海上生活的能力。信天翁共4属21种，它们分别分布在寒冷的南极冷水域中和北太平洋。它们大多数不惧寒冷。短尾信天翁在中国沿海一带较常见。

信天翁在岸上表现得十分驯顺，因此，许多信天翁又俗称"呆鸥"或"笨鸟"。它们需要逆风起飞，有时还要助跑或从悬崖边缘起飞。无风时，则难于使其笨重的身体升空，多漂浮在水面上。也像其他鸟一样，能喝海水。通常以乌贼为食，也常跟随海船吃船上的剩食。信天翁仅在繁殖时才成群地登上远离大陆的海岛。在那里，成群或成对进行交配，其中包括展翅和啄嘴"表演"，伴随着大声鸣叫。每窝产一枚大白卵，产在地面上或简易堆起的巢里。亲鸟轮流孵卵。幼雏成长很慢，尤其是大型种类者，幼雏孵出后 3～10 个月才长齐飞羽，之后在海上度过 5～10 年，在到陆地配对前，换过几次羽。信天翁寿命很长，是仅有的能活到老死的鸟类之一。海员一度对它们颇为敬畏，认为杀死信天翁会带来厄运。

最著名的信天翁有：黑眉信天翁，翅展约 230 厘米，于远离北大西洋海岸外漂游，有黑色的眼纹。黑脚信天翁，翅展约 200 厘米，大部分为灰褐色，营巢于热带太平洋岛屿。皇家信天翁，翅展约 315 厘米，成鸟羽毛大多为白色，外侧翅上覆羽黑色，繁殖于新西兰附近岛屿及南美最南端。

过去，迷信的水手将信天翁视为是不幸葬身大海的同伴亡灵再现。因此，深信杀死一只信天翁必会招来横祸。塞缪尔·泰勒·柯勒律治的著名诗篇《古代水手的诗韵》正是叙述了在一只信天翁被枪杀后灾难是如何降临到一艘船上的。然而，即便如此，许多 19 世纪的水手仍热衷于捕食这种鸟类来丰富一下漫漫航途中单调乏味的饮食，并将它们的脚折入烟袋中，将翅膀的骨头放进烟管里。

信天翁"albatross"这个词从葡萄牙语"alcatras"一词发展而来，最初用于指任何一种大型的海鸟，很明显，这个葡萄牙词源于阿拉伯语"al-cadous"，指鹈鹕。信天翁区别于本目（鹱形目）其他科鸟类之处在于，它的管状外鼻孔的位置是分别在喙基部的两侧，而非聚合在喙基顶部。信天翁科下分为 4 个属："Diomedea"属，即"大信天翁"，包括 6 个种类，平均翼展达 3 米；"Thalassarche"属，有 9 个相对较小的种，通常被称为"mollymauks"（源于荷兰语"mollemok"，最初指臭鸥）；"Phoebastria"属，包括 4 个北太平洋和热带太平洋地区的种类；以及由一身深色的乌信天翁和灰背信天翁组成的"Phoebetria"属，具有相对较长的翅膀。

信天翁以极大的体形和惊人的飞翔能力而著称。它的翼长而尖，展开双翅时足有4.2米长，加上1米多长的身体，披着洁白的羽毛，显得格外英姿飒爽。

在海洋上空，它们舒展双翅，巧妙地进行滑翔，有时在低空中随着气流上下左右摆动宛如滑翔机。有强风吹送时，可滑翔1小时之久，并且可以不停地连续飞行几百里，真可谓是"鸟类中杰出的滑翔高手"。人们模拟它的翼尖形状，制成锥形弯曲机翼，用在小型飞机上，这样就大大提高了飞机的稳定性。

鸳　鸯

鸳鸯是鸭科中的小型鸭类，体重约500克，长约40厘米，栖息在溪流、河川湖泊等处，白天多在水中浮漂，夜间在阔叶林中活动、休息。离开水面时，成直线上升，飞行迅速。鸳鸯雌雄两色相差悬殊，雄鸟五彩斑斓，华丽动人，两翅上有一对扇形镜羽，直立华伟。越冬期，成群的鸳鸯集体活动，并选择配偶，到第二年的春天，它们又会成双成对地回归繁殖地。历代以来，人们把它们比喻为爱情忠贞的象征。有首流传下来的汉诗曰：

南山一树桂，上有双鸳鸯。

千年长交颈，欢庆不相忘。

这是一首通俗的民歌，读来生动亲切，而且点明了鸳鸯在树上栖息，一般人们多见鸳鸯在水中嬉游，而鸳鸯却是在树上营巢繁殖。

春天里的鸳鸯，换上五光十色的婚羽，在繁殖地的溪流中，互相鞠躬点头，嘴在水面上一点一点，直到互相合拍，雌鸟将颈平伸在水面上，雄鸟衔住雌鸟颈，跃上交配。这种温文尔雅的求偶表演，可以说是鸟类文明的模范。但交配期一结束，雄鸟就离开雌鸟独自生活，由雌鸟单独在很高的树洞中营巢、产卵并孵化。当雏鸟出壳，母鸟带小鸟从树洞跃入河水中，小鸟随母鸟觅食生长。事实证明，鸳鸯真正的生物习性并非生死与共。人们做过试验，把成对的鸳鸯捕去一只，另一只会很快寻找新的配偶。但这科学的发现，并不影响"鸳鸯成双成对"这一美好的传说继续流传下去。

雕 鸮

雕鸮又叫大猫头鹰，老兔。鸟纲，鸮形，目鸱，鸮科。鹦鹉夜行性猛禽，是我国体型最大的猫头鹰。雕鸮有 7 个亚种分布于中国。北疆亚种仅见于新疆北部的阿尔泰山，准噶尔亚种仅见于新疆西北部的准噶尔盆地和阿拉套山等地，天山亚种分布于内蒙古西部、西藏西部、甘肃、青海、宁夏和新疆西部，塔里木亚种仅见于新疆哈密、塔里木盆地、罗布泊、尼雅河等地，它们均极为罕见。西藏亚种为中国的特产亚种，分布于四川西北部、云南西北部、西藏南部，以及青海的中部和南部。东北亚种分布于东北和华北地区，较

为常见。华南亚种分布于从甘肃南部、陕西南部、河南和山东以南的广大地区，也比较常见。雕鸮为国家二级保护动物。

雕鸮栖息于山地森林、平原、荒野、林缘灌丛、疏林，以及裸露的高山和峭壁等各类环境中。在新疆和西藏地区，栖息地的海拔高度可达 3000～4500 米。通常活动在人迹罕至的偏僻之地，除繁殖期外常单独活动。白天多躲藏在密林中栖息，常缩颈闭目栖于树上，一动不动，但它的听觉甚为敏锐，稍有声响，立即伸颈睁眼，转动身体，观察四周动静，如有危险就立即飞走。飞行时缓慢而无声，通常贴着地面飞行。雕鸮主要以各种鼠类为食，但食性很广，几乎包括所有能够捕到的动物，包括狐狸、豪猪、野猫类等难以对付的兽类和苍鹰、鹞、游隼等猛禽，其中大约兽类占 55%，鸟类占 33%，鱼类占 11%，两栖类和爬行类占 1%。由于雕鸮在夜间活动，所以一般认为它并不捕蛇。其实，当它发现蛇从草丛中缓缓爬出的时候，就会立即变得兴奋起来，眼睛发出炯炯的光芒，并且转动着圆圆的脸盘，似乎在估算着双方力量的对比，然后瞄准蛇的头部，从树上猛扑过去。但它也的确是较少捕食蛇类，所以第一次进攻往往并不成功，常常不能抓住蛇的要害。这时蛇就会愤怒地扭动着身体，转过身来准备缠卷住雕鸮。雕鸮则会展开两个宽大的翅膀，抗拒蛇的缠绕，并且用锐利的爪子刺穿蛇的鳞甲，进入肉体，然后寻找一个破绽，用嘴猛地咬住蛇头后面相当于心脏的部位。痛苦万状的蛇经过激烈的挣扎之后，渐渐不支，终于松开了身体，成了雕鸮的一顿美餐。

雕鸮的繁殖期随地区不同而不同，在东北地区为 4～7 月，而西南地区则从 12 月开始。此时雄鸟和雌鸟栖息在一起，在拂晓或黄昏时相互追逐嬉戏，并不时地发出相互召唤的鸣叫声。交尾之前先互相用嘴整理羽毛，并作亲吻状，雄鸟不断发出"咕、咕咕咕、咕咕咕、咕"的叫声，雌鸟则伴随着发出"西、西西西、西西西、西"的声音，反复5分钟左右，然后雄鸟跳到雌鸟的背上交尾，并且一起发出欢快的鸣叫声。交尾后1周左右，雌鸟就开始筑巢。通常营巢于树洞中、悬崖峭壁下面的凹处、或者直接产卵于地面上的凹处。巢内没有任何铺垫物，有时产卵后垫以稀疏的绒羽。每窝产卵2~5枚，以3枚较为常见。卵的颜色为白色，椭圆形。孵卵由雌鸟承担。孵化期为35天。雕鸮在我国有一定数量，但也在不断减少。在我国《国家重点保护野生动物名录》中被列为二级保护动物，在《中国濒危动物红皮书鸟类》中被列为稀有物种。

金　雕

金雕被称为"雕中之王"。它是一种大型的猛禽。雌雕要比雄雕大一些，它那宽大的双翅翼展可以达2.5米。金雕是强壮的飞行者，它们能够毫不费力地借助气流在高空翱翔，用眼睛紧盯着下面的猎物。金雕采用向下俯冲的方法捕捉猎物。金雕向下俯冲的速度很快，这一过程看上去似乎很简单，然而里面却有许多微妙之处。向下俯冲既要抓住捕捉对象，又不能惊跑它，才能准确地捕捉到猎物。

金雕的生态习性

金雕是北半球上一种广为人知的猛禽。以其突出的外观和敏捷有力的飞行而闻名。金雕生活在草原、荒漠、河谷，特别是高山针叶林中，最高达到海拔4000米以上。秋冬季节也常到林缘、低山丘陵、荒坡地带活动或觅食。主要捕食野兔、旱獭、雉鸡、鸦类、雁鸭类等，有时也攻击狍、野猪幼体等动物，也吃大型动物尸体。种群数量稀少，为4~6只，目前已列入俄罗斯、日本《珍稀

濒危动物红皮书》，属国家一级重点保护鸟类。

能捕狼的金雕

金雕是体态最为雄伟壮美的猛禽。古代巴比伦王国和罗马帝国都曾把金雕作为王权的象征。在我国忽必烈时代，强悍的蒙古猎人驯养金雕捕狼。时至今日，金雕还成了科学家的助手，它们被驯养后用于捕捉狼崽，供科学家们研究狼的生态习性。当然，在放飞金雕前要套住它的利爪，这样才不至于把狼崽抓死。据说，有一只金雕，曾捕获 14 只狼，它的凶悍程度简直令人瞠目。

金雕并非金色的雕

金雕，根据希腊语的名字直译为金色的鹰，但它并非金色的雕。说它是金色的，可能是因为它的头和颈后的羽毛在阳光照耀下反射出的金属光泽，因为它全身的羽毛呈栗褐色，跟金色相距甚远。金雕体长近 1 米，体重 6 千克左右，是雕中最大的一种，它们的腿除脚趾外全被羽毛覆盖，看上去确实威武雄壮。

金 雕 猎 食

金雕飞行速度非常快，捕猎方式更是灵活机智。在搜索猎物时，金雕是不会快速飞行的，它们在空中缓慢盘旋。那双灵敏的眼睛一旦发现猎物，便直冲而下，准确地抓住猎物后便扇动双翅，以闪电般的速度飞向天空。刚刚出窝的狼崽经常遭到这种突然袭击，待母狼赶来营救已为时晚矣。在空中，金雕也能随心所欲地捕食。有人曾这样描绘金雕从地面冲上天空，捕食飞过的野鸡的情形：金雕冲上天空，当飞到野鸡下方时，突然仰身腹部朝天，同时用利爪猛击野鸡，野鸡受伤后直线下落，千钧一发之际，金雕翻身俯冲而下，把下落的野鸡凌空抓住。一场惊心动魄的飞行表演至此结束。

犀　鸟

在我国云南西双版纳的原始森林中，生活着一种奇特的大鸟——犀鸟。犀鸟的身长可达 70～120 厘米。在形态上有一个特别的构造，常引起人们的注意，那就是在它头部和嘴基部的上方，生有一个高大的突起物，好像一个盔甲，人们称为"盔突"。不同种类的犀鸟，盔突的形状也是不同的。盔突多是空心的，也有极个别是角质实心的。它的眼睑上还生有很硬、很长的睫毛，这也是鸟中所仅有的特征。在东南亚一带，当地居民把犀鸟视为有超自然力量的飞禽，人们在大森林中见到犀鸟被看做是吉祥之兆。犀鸟头上那块奇特的盔突，由于其成分与象牙相似，所以不少人把它打磨成工艺装饰品，如带扣、耳环等。

笨重的飞鸟

犀鸟是大型森林鸟类，常成群结队地生活于热带森林中，选择高大而干枯的树木作为栖息地。它们能在空中作较长时间的飞行，但因体形较大，飞起来显得笨重、缓慢，表现出很吃力的样子。犀鸟飞翔的姿势也很特别，在两翼做几次上下挥动以后，再向前挥动一下，推动身体前进，如同摇橹一般。由于它们的翼下覆羽没有掩盖到飞羽的羽翮，所以飞行时常发出很大的声响。人们在很远的地方就能听到犀鸟飞翔的声音。它的鸣声也很特别，如同犬吠、马嘶。

"自我囚禁的鸟" ——犀鸟

犀鸟的繁殖行为是非常罕见而有趣的。它们在树洞中营巢，这种树洞大多数是树木本身腐烂或为白蚁侵袭而成，并非犀鸟自己啄成的。它们在洞底铺上一层软碎木屑、羽毛等，然后雌鸟就钻进洞里产卵。雌鸟产完蛋后，就用泥土与唾液的混合物把巢的入口封起来，将自己关在里面。有时候雄鸟也会来帮它封巢，只留下一个小孔，让巢里的雌鸟从小孔把嘴伸出来，接受雄鸟的喂食。雄犀鸟的嘴巴虽然粗大，却像一把灵巧的泥刀，把洞壁涂得非常光滑。洞口封好之后，实际上就把雌鸟关在洞里了。

"钟情鸟" ——犀鸟

繁殖期间，雌鸟在洞中专营孵卵之事，所需食物全由雄鸟供应。当雄鸟衔回食物时，就用嘴叩打树干，雌鸟听到后，马上把嘴从留下的小孔中伸出来，雄鸟便把食物吐出来喂给雌鸟。小鸟破壳问世后，做父亲的雄鸟就像喂雌鸟那样细心照料刚出生的雏鸟，一直等到小鸟会飞的时候，雄鸟才将树洞的封泥啄破，与雌鸟一起双双带着小鸟飞出家屋。在雌鸟孵卵时，倘若雄鸟意外受伤或死亡，封在树洞里的雌鸟，会不会饿死呢？这事不必担心，假如有上述情况发生，别的雄鸟虽然自己也喂养妻儿，但仍会主动地负担起受伤或死去的雄鸟的责任。而一对犀鸟中，如有一只死去，另一只绝不会苟且偷生或另寻新欢，而是在忧伤中绝食而亡，所以犀鸟被人誉为"钟情鸟"。

珍贵的犀鸟

我国的犀鸟有4种，分布于云南、广西，常栖息于海拔1000米左右的山势陡峻、下临溪流、气候温暖多雨、森林茂密的地方。犀鸟在国外分布于印度、缅甸、泰国、马来西亚等地。我国产的4种犀鸟都已列入国家二级保护动物名单。

冠斑犀鸟又称"飞机鸟"，是一种黑白色的犀鸟，体长75厘米。具黄色或白色的大盔突，有时盔突上具黑色纹理。它们喜欢在开阔的森林及林缘活动，成对或喧闹成群，振翅飞行或在树间滑翔。对吃昆虫的喜好大于果实。分布于西藏东南部、云南南部及广西南部低地的原始林及次生林，现已罕见，为国家二级重点保护野生动物。

大　鸨

大鸨又名地鵏，生活在广阔空旷的草原上，善于奔驰，飞行低而缓慢。它的脚只有3趾，属鹤形目，是一种候鸟。大鸨过去曾被作为一种狩猎的经济鸟类和观赏鸟类，现在数量稀少，被列为国家一级保护动物。大鸨的得名有两种传说。一种是由于大鸨的雌雄外貌相似，古人以为大鸨全是雌性，是百鸟之妻，故以"鸨"为名。另一种是古人以为大鸨总是七十而群，以七十加鸟而得"鸨"之名。

大鸨的生态习性

大鸨的雄鸟体大，重约 6 千克，雌鸟仅 3 千克，相差一倍。雌雄羽色虽相同，但雄鸟喉前具胡须，雌鸟没有，还是容易鉴别的。大鸨喜集群生活，特别是在越冬期间，常常几十只集成一群，但并非七十成群。每到春季，大鸨从华北、华中等越冬地返回东北、内蒙古等地的草原和沼泽草甸地带配对繁殖。

大鸨的繁殖

每年的 4 月初，大鸨集体回到繁殖地内。这时，雄鸨间常常发生激烈的格斗，格斗时，雄鸨展开两翅，全身毛羽蓬开，发出轻微的叫声（饲养的大鸨，从未听到过叫声）。战败者被逐出群外，此时群体解散，成双作对选择营巢地。雄鸟时时拱起尾羽，纵开翅膀，将颈部向胸部收拢，竖起喉部的丝状胡须轻轻摆动，向雌鸟求爱，并达成交配。巢大鸨的巢很简陋，只在地面上坐卧成浅穴，有的巢内有少量的干草，有的根本没有巢材。大都设在较高、较干燥的南坡。5 月上旬，雌鸨开始产卵，每窝产卵 2～4 枚，卵重 120 克左右，呈暗褐绿色。产卵后 2～3 天才开始孵卵。孵卵由两性共同承担，孵化期约 30 天。在孵化期间，大鸨的警戒性高，头伸直环顾四周，当发现有情况时，则把头伏下，缩小目标，它的体羽与环境色相似不易被发现。每当外出取食或回巢时，都要观察动静才走近巢区再飞行或飞近巢区地面，确定无干扰后，才步入巢中。每次进出巢，都有一定的方向和线路。

幼鸨的成长过程

大鸨雏鸟是一种早成鸟，出壳两小时后就能站起来了，两天后随成鸟离开巢地开始游荡生活。夏季的草原到处是昆虫，成鸟边走边捕捉蝗虫喂雏，雏鸟自己也学着捕食昆虫，它们喝着草叶上的露水，也啄食嫩叶。当干旱缺水或遇到危险时，成鸟会用两腿抱着雏鸟飞到远处觅水或避难。出生后 10 天左右的鸨就能在沙地上进行沙浴。当成鸨飞走时，幼鸨会蹲在原地不动，等待成鸟回来后，再一起行动。雏鸟生长发育迅速，1 个月后体重就长到 300 多克，体长 30 厘米；2 个月时已学会飞行，开始独立生活；到了秋天，大鸨又开始集群，结成几十只一起飞行，逐步向南迁徙。

野　驴

　　驴属奇蹄目、马科。体色从白到灰或黑，通常从背部至尾巴处的鬃毛会长出一条深色的条纹，肩部还有一个十字形斑。野驴的耳朵较长，鬃毛短而直立，尾巴端部有长毛。野驴主要分布在非洲的荒漠和草原地带，在亚洲也有分布，主要在蒙古共和国和我国内蒙古、甘肃等地。野驴体形比马略小，跟家驴比较相似，只是身体较轻巧，而且腿上还带有花纹。亚洲野驴又叫蒙古野驴、赛驴，但它们并不是现代家驴的祖先，家驴源于非洲野驴。

　　野驴喜欢集群生活，通常四五十只生活在一起，白天出外活动，以各种野草为食，迁移生活。野驴的视觉和听觉都很敏锐，警惕性很高。它们一般很少鸣叫，只有雄兽在失群、求偶、争斗时才会嚎叫发声，声音比家驴嘶哑低沉。野驴的胸肌比较发达，角质蹄也比家驴、家马要大，善于快速奔跑，且耐力超强，能一口气跑上 40～50 千米，最高时速可达 64 千米，是荒漠草原上的"长跑健将"。野驴在快速奔跑时，连狼群都追不上它们。在被迫自卫时，野驴会翘起后腿用蹄子踢蹬对方。它们的蹄子相当有力，可将狼的肋骨踢断。野驴耐渴性较强，可以几天不喝水，冬季缺水时就啃冰舐雪来摄取水分。在干旱的环境中，它们还会找到有水源的地方用蹄刨坑挖出水来饮用。

金 钱 豹

　　金钱豹体形与虎相似，但较小，体重50千克左右，体长在1米以上，尾长超过体长之半。头圆、耳短、四肢强健有力，爪锐利，伸缩性强。全身颜色鲜亮，毛色棕黄，遍布黑色斑点和环纹，呈古钱状，故称之为"金钱豹"。其背部颜色较深，腹部为乳白色。

　　金钱豹主要分布在亚洲、非洲及阿拉伯半岛。中国有3个亚种：华南豹、华北豹和东北豹。金钱豹栖息环境多样，从低山、丘陵至高山森林、灌丛均有分布。具有隐蔽性强的固定巢穴。它们体能极强，视觉和嗅觉异常灵敏，性机警，会游泳，善爬树，胆大凶猛。一般夜间活动，多以草食性动物为食。

独 角 犀

独角犀（又名印度犀）生活在高草地、芦苇和沼泽草原地区。独居，夜行性。视觉较差，嗅、听觉灵敏，行动迟缓，喜泥浴，几乎无天敌。晨昏觅食，以树叶、野草为食。

繁殖期不固定，孕期17～18个月，每次产1仔，4～7岁性成熟，寿命可达50年。北京动物园1958年开始饲养展出独角犀。独角犀的头颈部、肩部和臀部具有又大又厚的皮褶，皮上还有许多圆钉似的突起，形如古代武士的甲胄。但皮褶之间的皮肤却很细嫩，容易受到蚊虫叮咬，因而它们几乎每天都进行泥浴，清除并防止蚊虫叮咬。

独角犀体形高大，雄性体重近2吨，与白犀相比，体高而身短，体重相仿，共同为陆生第三大动物，被列入《濒危野生动植物种国际贸易公约》。

黑　猩　猩

大部分的科学团体现在都认为黑猩猩和倭黑猩猩是我们人类现存最近的"亲戚"。遗传性的证据显示，我们和它们最近的一个共同祖先出现在大约 600 万年前，比现代大猩猩的分化时间要稍晚一些。

倭黑猩猩是在大约 150 万年前脱离黑猩猩的，当时可能有一些黑猩猩的祖先穿过了刚果河，来到了河的南岸并被隔离在此。倭黑猩猩仅仅生活在低地的热带雨林，包括那些位于非洲西南部大草原边缘的森林，在现今的刚果（金）境内。黑猩猩也是雨林栖居者，但是它们的分布则更广，其中还包括山地森林、季节性干燥森林和热带大草原的一些林地，在这些地区，它们的种群密度非常低。

人类最近的"亲戚"

随着时间的推移，已识别的黑猩猩的种类和亚种数量有了很大的变化。人们以前一致认为黑猩猩只有一个单独的种，包括三个亚种，但现在黑猩猩的分类法又有了新的变化。由于黑猩猩在进化上和我们很接近，而且它们的行为与我们的行为有着惊人的相似，因此它们被当做最好的例子来与早期人的进化对比，并用来解释我们行为的生物学根源。然而，最近对倭黑猩猩的研究表明，黑猩猩和倭黑猩猩两者也存在着重要的差别，因此它们之间的互相比较也是需要重视的。

两个种类的黑猩猩都具有很好地适应树栖生活的身体。它们的手臂要比腿长得多，手指也比人类的长，而且肩关节高度灵活。再加上骨骼和肌肉组织等其他方面的特征，黑猩猩能够依靠手臂挂在树枝上面，而且也很擅长攀爬树干和藤蔓植物。当然，两种黑猩猩差不多都在树上进食，而且晚上都是在树上的巢中睡觉——这些巢是通过折断和折叠树枝建造而成的。它们都能在地面行走，行走的方式和大猩猩一样，都是四足并用并以"指关节着地"的方式走路。它们的身体有很多适应这种行动方式的特征，比如在前臂的桡骨和腕骨的结合处有一块脊，在指关节承受身体重量的时候能够防止手腕弯曲。

倭黑猩猩也被称为"小黑猩猩"，但这属于用词不当。它们的身体比黑猩猩瘦长，头骨也有些不同，体重在两种黑猩猩的所有亚种中是最小的。黑猩猩和倭黑猩猩都能够直立，它们经常以这种姿势攀爬或摘取食物，但与我们的双足行走相比，还是很笨拙的。

黑猩猩和倭黑猩猩的大脑容量为300～400毫升，其绝对大小和与体重相比的相对大小都是很大的。它们在实验室背景下解决问题的能力十分出色，而且在经过强化训练或给予大量学习机会的情况下，它们能够进行一定的符号交流。在野外，它们会使用各种各样的声音和视觉信号进行交流。两种黑猩猩都十分擅长预测和操纵"他人"的行为，无论是同类还是人类研究者。有证据表明，这是因为它们能够认知别人和它们一样拥有需求和知识——也就是说，它们具有和人类一样的"心理理论"。不过，这种说法现在还是一个有争议的话题。

雄性的黑猩猩和倭黑猩猩要比雌性大10%～20%，而且也要强壮许多，它们作为武器的犬齿也更大。除此之外，雄性和雌性在身体比例方面都比较相似。

从青春期开始，雌性生殖器附近的皮肤就开始周期性地发胀。刚开始时间间隔很不规律，一次会持续许多周，但是成年以后，雌性的月经周期开始变得规律。黑猩猩的月经周期大约是35天，倭黑猩猩40天左右，而肿胀发生在该周期的中间，一般持续12～20天。发胀的雌性处于发情期，它们不仅对雄性发起的行动感兴趣，还会主动靠近雄性并发起性活动。在野外，雌性在13岁左右

生下第 1 个幼仔。幼仔发育很慢，一般到 4 岁时才断奶，如果幼仔存活，那么两胎之间的平均间隔为 5～6 年。与其他灵长类动物相比，雄性黑猩猩的睾丸相对于身体来说十分大，能够频繁地和雌性交配。雄性在 16 岁左右达到成年体型，不过在此之前它们就已具备了生殖力。

饮 食 差 异

黑猩猩和倭黑猩猩一般从黎明活动到黄昏，在它们的赤道栖息地则差不多有 12～13 个小时，而其中有一半的时间都在进食。两种黑猩猩都主要吃果实，辅以树叶、种子、花、木髓、树皮和植物其他部位。黑猩猩一天能吃 20 种植物，一年吃过的植物差不多有 300 种。它们栖息地的食物产出在一年中变化很大，在某些时期，它们几乎只吃一种数量丰富的果实。它们常年都能吃树叶，

但只是在果实数量不多的时候才更多地吃树叶和其他非果实的食物。倭黑猩猩似乎比黑猩猩更多地依靠植物的茎和木髓，而且它们的栖息地能够更加持续地提供水果。这些差异对它们的社会生活产生了重要的影响。

黑猩猩和倭黑猩猩也吃动物性食物，包括像白蚁这样的昆虫和多种脊椎动物的肉。黑猩猩比倭黑猩猩更常捕猎，它们捕杀很多种猎物，包括猴类、野猪、林柄羚羊和各种各样的小型哺乳动物。猴类是它们最常见的猎物，而生活在黑猩猩附近的红绿疣猴则是其主要的猎物。黑猩猩大部分情况下是群体捕猎，而且雄性比雌性捕猎行为更多。倭黑猩猩捕食最多的是小型羚羊，还没有关于它们捕食猴类的记载，而且它们大多是机会主义的单独猎手，不会群体捕猎。

黑猩猩各个群体的捕猎成功率是不同的，其中有很多原因。在树木高耸的

原始森林捕捉猴类要比在树冠低而不连续的森林困难得多，因此在两种森林都有的地区，黑猩猩更愿意在树冠不连续的森林捕猎。猎手的数量与合作的程度也会影响捕猎结果，如果有更多的雄性参与，而且它们相互合作的话，捕猎行动则更有可能成功。对于捕猎红绿疣猴的行动来说，不同栖息地的成功率为50%～80%，这与大多数食肉目动物相比已是一个相当高的值了。

随着时间的推移，捕猎的频率也会变化。至少在某些栖息地，果实丰富的时候它们会更频繁地捕猎，雄性通常组成大型的团体，而且可能会行走数千米去寻找红绿疣猴等猎物。

在大部分情况下，黑猩猩都是各吃各的，但吃肉时却明显例外。有时，雄性黑猩猩在捕获猎物之后会立刻为猎物而打架，地位高的雄性有时还会从"下属"那里"偷"肉，不过在一般情况下它们都会分享肉食。大部分的分享行为都表现为占有者允许其他黑猩猩获得部分猎物，有时占有者也会主动将肉分给别的黑猩猩。黑猩猩中的肉食占有者通常是雄性，而且同它们共享的伙伴主要也是雄性，特别是它们的盟友和主要的梳毛伙伴。

雌性一般能够从雄性那里取得一些肉，发情期的雌性比其他雌性成功率更高，但是，雌性用性交换肉的说法并没有得到证实。雄性有时会在分享肉食的时候与雌性交配，但是发情期雌性的出现并不总会促使雄性去打猎，而且肉食分享行为对雄性是否能交配成功只有很小的影响。倭黑猩猩通常由雌性占有相对较多的肉食，而且它们也经常控制着数量巨大的果实。与黑猩猩相比，倭黑猩猩中的食物共享行为大多发生在雌性之间。

侵略与和平

黑猩猩和倭黑猩猩的社会具有"分裂—融合"的特点。所有的个体都属于拥有15～150只的群落，这些群落似乎具有社会边界，不过其中仍然具有一些不确定性，比如某些雌性黑猩猩是否会与两个邻近群落的成员发生关联。所有的群落都或多或少有一些友好的社会关系，但相对于倭黑猩猩来说，黑猩猩群落之间的敌意更强。在同一个群落内，成员会结成大小和结构不同的小群体以

行动和进食，而某些成员可能很少或根本不会聚到一起。小群体的规模受到了食物可得性的显著影响，特别是果实的可得性。当果实充足的时候，小群体的规模更大，而且大的群体也会聚集到大的果树周围；当果实稀缺的时候，成员会为了减小食物竞争而组成比较小的群体。雄性身边有发情期的雌性时，它们也会组成大型群体，而不管果实是否容易获得。倭黑猩猩的平均群体大小（6～15 只）要比黑猩猩的（3～10 只）稍大，而且与黑猩猩相比，倭黑猩猩群体之间规模的差别比较小，这可能是因为倭黑猩猩栖息地的食物数量变化比较小。

雄性黑猩猩比雌性更喜欢群居，而雌性黑猩猩通常和它们的未成年后代单独待在一起。倭黑猩猩中的群居性则没有明显的性别差异。雄性黑猩猩的活动范围比雌性广，而且它们通常会利用它们整个群落的活动范围；带有未成年后代的雌性通常会更多地把它们的行为限制在群落活动范围的中心部分。不过，性别的差异程度似乎在不同栖息地也不同。另外，发情期的雌性会走得更远，而且通常还有许多雄性陪伴。

雄性的黑猩猩和倭黑猩猩终生都待在出生的群落中。与它们相比，还未开始繁殖的雌性通常在青春期的时候就要迁往邻近的群落。成年雌性偶尔也会迁移，不过这种情况很少见。迁入的雌性在建立自己的核心区域时会遭到本地雌性的侵犯，它们依靠雄性来保护自己不受这种骚扰。对于倭黑猩猩来说，刚迁入的雌性面临的侵犯要少一些，而且它们也会努力与当地的特定雌性发展社会连带关系，然后这些当地的雌性会帮助它们获取群体的接纳。

黑猩猩和倭黑猩猩在社会关系方面存在着显著的差异。黑猩猩的社会是一种雄性联结的社会，雄性黑猩猩主要与其他雄性发生关联。最主要的关联是统治关系，这可以导致统治层级的出现，尽管在拥有许多雄性的群落中，这种统治层级并不明显。它们为争夺最高的统治层级而进行的竞争通常是惊人的，不过雄性也有许多友好的互动。它们之间的梳毛活动十分普遍，而且它们互相梳毛的频率比与雌性相互梳毛的频率或雌性之间相互梳毛的频率都要高。某些雄性会组成联盟，以对抗那些争夺层级的雄性，而且雄性的首领可能就是依靠盟友的支持而获得自己的地位的。雌性不会常规地与其他雌性或特定的雄性发展强力的社会联结。某些雌性占有统治的地位，但它们并不形成统治层级。所有雄性对于所有的雌性都是占据支配地位的。

与黑猩猩相比，倭黑猩猩中的雌性会更多地进行互相联系并建立强力的社会联结，尽管它们之间通常不是很近的亲戚。梳毛活动在某些雌性之间是很平常的事情，而且通常还会在一起摩擦它们的生殖器以减轻压力和维持相互接纳的关系。雌性有时会组成联盟对抗雄性并使雄性表现得顺从，而且雄性在进食时通常也会服从于雌性，而不是试图占领进食地或抢夺食物。当雌性倭黑猩猩的成年雄性后代与其他雄性竞争时，它们会支援自己的后代并对其社会层级产生影响；在野外，雌性黑猩猩则不会影响到雄性之间的竞争。雄性倭黑猩猩也经常相互梳毛，但是雄性倭黑猩猩明显不会像黑猩猩一样组成联盟。

雄性黑猩猩在群落之间的争斗中也会相互合作，这其中有两种形式。当来自两个邻近群落的群体在普通活动中相遇时，它们通常表现得很兴奋，而且还会相互追逐，但如果一方的数量明显少于另一方时，它们会悄悄地逃走。有的时候，雄性在边界地区巡逻时甚至会入侵邻居的领地。巡逻者十分安静、机警，并时刻寻找着邻居。如果它们听见或遇到某些邻居，它们会很大程度上根据数量对比做出反应：如果它们的数量明显处于劣势的话，它们会悄悄地离开，甚至逃离；如果它们的数量远远多于对手，它们就会发动攻击。这种攻击十分猛烈，甚至可能是致命的，人们就已知它们杀死过成年雄性、幼仔，甚至是未生育的成年雌性。

在哺乳动物中，由雄性联盟发起的致命攻击并不常见，在灵长类中，这只发生在黑猩猩和人类中。为什么这会发生在黑猩猩中，原因还不完全清楚，可能群落之间的竞争胜利会使雄性获得更多接近雌性的机会，但也有可能是为了让群体中的雌性更容易地获得更多、更好的食物，由此增加它们繁殖的成功率，这也很重要。巡逻和成功的地盘防卫也有助于保护雌性不受外来雄性"杀婴"的威胁。

当来自邻近群落的倭黑猩猩群体相遇时，它们也会相互展示并追逐。有时相遇者却很平静，而且边界的巡逻和严重的攻击从来没有出现过。这种与黑猩猩的差异最可能来自下面的事实：倭黑猩猩通常以大群体行动，所以群体之间由于实力悬殊而进行危险性攻击的机会十分少有。

黑猩猩的交配行为很复杂，而且变化也很多。它们大部分的交配行为都是机会主义的：发情期的雌性会和群落中的大部分或所有的成年雄性交配，而且还经常与未成年雄性交配。与许多雄性交配或许能够搞混"父子"关系，从而防止雄性的"杀婴行为"。然而，在雌性接近它的发情期尾声并增大排卵（通常在它们的性膨胀部位缩小之后的1~3天）可能性的时候，高层级的雄性有时会保护它们并防止它们与其他雄性交配。垄断交配的意图会引发相当大的侵犯行为，这些行为主要是指向雌性的。交配成功率与雄性的统治层级有正向的相关，而且高等级似乎能够带来某些关于繁殖方面的优势，但我们目前对它们的"父子"关系了解很少。有时候，雄性能够"说服"一只雌性和它做伴（一种临时的殷勤关系），期间它们会试图避开其他雄性并待在一起数周。黑猩猩的怀孕期持续7.5个月左右。一旦雌性怀孕，只要它的幼仔存活下来，它们在4年甚至更久的时间内都不会恢复常规的发情周期。

倭黑猩猩的发情期比黑猩猩的长，它们更有可能在怀孕期显示出类似发情的行为，而且它们在分娩后1年之内生殖区就开始膨胀。因此，与黑猩猩相比，倭黑猩猩的性行为与受孕的关系要小一些，这也有助于解释为什么倭黑猩猩中不会出现交配保护行为或"杀婴行为"。倭黑猩猩的性行为比黑猩猩较为常见，而且具备许多社会功能，它们通常在冲突之后或分享食物的时候相互摩擦生殖器或进行交配。

捕猎、雄性联盟、群体间的协作突击、制造和使用工具，这些特征是黑猩猩和人类共有的，而且可能也是我们最近的共同祖先所具备的特征。如果是这样，那我们就需要解释为什么雄性联盟和群体间的冲突并不存在于倭黑猩猩当中了。答案可能是这样的：倭黑猩猩的食物分布更加平均，食物的供应也更加可靠，再加上雌性的性功能更强，这就消除了冲突的机会，减小了雄性之间激烈的交配竞争，也使得雌性比较不容易受到雄性的侵犯。

不确定的未来

我们是否能够为黑猩猩的行为问题找到可信的答案还是一个未知数，因为它们的未来很不确定。虽然有大片的黑猩猩栖息地得以保留，但其中大部分都受到伐木业、农田开发和其他形式的人类活动的威胁。倭黑猩猩在野外并不如黑猩猩常见，而且它们也面临着相似的压力。两种猿类都被人们捕杀用于野味交易，而且它们还会落入人类为捕猎其他动物而设置的陷阱。即使是国家公园内的种群也不一定真能受到保护，而且某些保护区内的种群因太小而不能存续下去。由于人类军事冲突引发的剧变也加重了很多地区黑猩猩受到的威胁。

由栖息地消失和捕猎带来的威胁尤其大，因为黑猩猩和倭黑猩猩繁殖速度很慢，且不能生活在高密度的种群当中。有大量的黑猩猩生活在人工养殖的环境之中，它们长期的安康在西方和日本已经成为了一个主要的议题。现在还没有可持续生存的倭黑猩猩人工繁殖种群。生活在野外的这些猿类是否能够生存下来，取决于持续而有力的保护措施，而最终需要解决的是那些导致栖息地破坏和过度捕猎的问题。

麋　鹿

麋鹿，角似鹿而非鹿，颈似驼而非驼，蹄似牛而非牛，尾似驴而非驴，故俗称"四不像"。它是我国特有的动物。据考证，古代北至辽宁，南到江西，西起湖南，东到江苏沿海，到处都有其踪迹。

麋鹿在我国大自然界消失有1000多年了。但自宋代起，历代皇家猎苑都有饲养。北京南海子猎苑，至清代中后期，还约有120头。当欧洲某些动物园获悉后，就向中国政府提出了展览麋鹿的要求，中国官方虽然不太情愿，也提供了几只到欧洲去。殊不知，正是这一惠赠行动，阻止了麋鹿的灭绝。

1895年，当麋鹿在欧洲定居30年后，北京永定河泛滥，将南海子猎苑部分围墙冲倒，麋鹿跑出，很快被饥民追捕猎杀。从此，麋鹿就在中国消失了。世界上唯一剩下的就是作为展品保存在欧洲动物园内的麋鹿。热心收集稀有动物的贝

福特公爵，将这群麋鹿买回英国，放养在乌邦寺。为中国麋鹿建立了一个繁殖基地，发展到今天，已成为世界上最大的中国麋鹿种群。从 1944 年开始，麋鹿种被分散输送向全世界。当前世界总头数约 1100 头，其中最好的一群 400 头，仍然放养在乌邦寺。1986 年 8 月 14 日，由英国伦敦动物园无偿提供的 39 头（雄 13，雌 26）麋鹿，运抵江苏大丰自然保护区。麋鹿是一种稀世珍兽，又是宝贵的历史与文化遗产。它从此回归故里，重建野生种群。麋鹿对中国人来说，作为一种"天然纪念物"有着特殊的，非其他任何动物可以比拟的价值。

麋鹿是一种大型动物，一头成熟的雄麋，肩高可达 1.3 米，体重达 250 多千克。雌麋略小，体重可达 140 千克。一只新生仔麋，平均重 12 千克，在生后几个月内，生长极为迅速，当仔麋满 3 个月时，体重即可达 70 千克。麋鹿的毛灰棕色，四肢粗壮，主蹄宽大而且能分开，侧蹄也很显著，走起路来嗒嗒有声，很是神气。尾长 65 厘米而多毛。只有成熟的雄麋才生角，角的形状特殊，前枝分叉，后枝简单、弯曲，有时有几个小叉。每年 10 月中旬至 12 月底脱角长茸，到次年 6 月中旬又长成角。麋鹿嗜水如命，经常在溪流中涉水，甚至在湖中游泳。主要以草类和水中植物为食。麋鹿是雌雄混群而居，群内等级分明，居于优势的个体，在吃食时占先，并常欺侮其他个体。

现在，麋鹿在黄海之滨 10 平方千米大丰自然保护区，自由觅食，自由逐偶，大量活动，保持了体质不退化，使种群不断扩大。麋鹿重返大自然，结束了麋鹿长期人工饲养的历史。大丰自然保护区，已成为世界上第一个麋鹿野生栖息地。

马　鹿

　　马鹿也叫赤鹿、八叉鹿、白臀鹿，为大型鹿类，体长 180 厘米左右，成年雄性体重约 200 千克，雌性约 150 千克。雄性有角，一般分为 6 叉，最多分 8 个叉，茸角的第二叉紧靠于眉叉。马鹿的毛色也有随季节变化的特点。夏天，马鹿的毛短，通体呈赤褐色；冬季，毛呈灰棕色。马鹿川西亚种，背纹黑色，臀部有大面积的黄白色斑，几乎覆盖整个臀部，与马鹿其他亚种不同，所以也称白臀鹿。

　　马鹿生活于高山森林或草原地区，喜欢群居。夏季多在夜间和清晨活动，冬季多在白天活动。它们善于奔跑和游泳。以各种草类、树叶、嫩枝等为食，喜欢舔食盐碱。9 ~ 10 月发情交配，孕期 8 个多月，每胎产 1 仔。马鹿在世界上分布很广，欧洲南部和中部、北美洲、非洲北部、亚洲的俄罗斯东部、蒙古、朝鲜和喜马拉雅山地区等都有分布，在我国分布于黑龙江、辽宁、内蒙古呼和浩特、宁夏贺兰山。北京、山西忻州、甘肃临潭、西藏、四川、青海、新疆等地的野外种群已经在 20 世纪初绝灭。马鹿鹿茸产量很高，是名贵中药材，鹿胎、鹿鞭、鹿尾和鹿筋也是名贵的滋补品。马鹿在我国已广为养殖。属国家二级保护动物。

驼 鹿

驼鹿是世界上体形最大的一种鹿。它身长 3 米，肩高 1.9 米，重达 700 千克。主要分布在中国东北、蒙古、苏联、北欧和北美地区，被称为"森林的巨人"。驼鹿的鼻和嘴唇膨大，脖子特别粗壮，长有倒竖的短鬃，在喉下还有一条下垂的肉柱。它的头上长着沉重的鹿角，带有很多小分叉，身后拖着一条与它那庞大的体形很不相称的短尾巴。肩部隆起，就像驼背一样。驼鹿浑身披着棕黄和灰色相混合的长毛，冬季换毛以后就变成深黑褐色。四条腿是灰白色的，就好像穿着一双白色的长筒袜。

驼鹿生活在多森林和湖沼的寒带地区，以嫩枝、嫩芽、树叶和水草为食。驼鹿性情温顺，听觉和嗅觉都很灵敏，一旦发现敌害，就会拔腿逃跑，它在林地和深山中，东奔西窜，奔跑的速度不亚于猎犬。雌驼鹿在暮春的时候开始分娩，每胎产仔 1～2 头。幼鹿一直要到 6 岁才能成熟，平均寿命约 30 岁。驼鹿的肉味鲜美，特别是它的鼻子，肉质更为细嫩，含有高蛋白质和铁，营养丰富，特别名贵，叫做"犴鼻"，是北方的四大名菜之一。

长 颈 鹿

　　长颈鹿是非洲稀树草原的特产，在分类上属于哺乳纲偶蹄目长颈鹿科。它除了长得高，还有许多令人称奇的特点。它的最大特点就是脖颈长，大长颈鹿的颈长可达 2 米，是世界上脖颈最长的动物。由于它的脖颈长，身体又高，以至于心脏和脑的距离达到了 3 米。为了供给大脑充足的血液，长颈鹿心脏收缩压高达 350 毫米汞柱，这又使它成为兽类中血压最高的动物。而我们人类，心脏正常的收缩压只有 120 毫米汞柱，和长颈鹿相比，真是逊色多了。别看长颈鹿长得高，可是它却一点儿也不笨。它奔跑起来时速可达 50 多千米。长颈鹿在阿拉伯语中的意思就是"速行者"。

　　长颈鹿的脖颈特别长，这和它们的取食有关。一些科学家推测，长颈鹿的祖先之间，有一些微小的变异，也就是脖子长短略有不同。当遇到饥荒来临时，脖子长些的长颈鹿能够吃到高树上的嫩叶，照常活下来，而脖子短的鹿逐渐被淘汰。经过长时间的自然选择，长颈鹿的脖子就越来越长，终于形成了今天的模样。此外，长颈鹿的存在也是动物间生态分化的结果。长颈鹿吃高树上的嫩叶，而羚羊和斑马等较矮的动物则吃小灌木和野草，这样它们就不会发生很大的竞争，都能生存下来。

东 北 虎

东北虎是亚种当中体形最大的虎，而苏门答腊虎体形则最小。虎以凶猛、谨慎、出没无常而著称，号称"百兽之王"。

老虎身上的美丽斑纹因不同的品种而各具特色。它们的毛色从黄褐色到橙红色都有。老虎皮上的斑纹在树林、芦苇丛和草丛中都可以成为极好的保护色。当老虎的耳朵转向前方时，则是进攻的信号。虎多黄昏或清晨活动，白天休息、潜伏，但在严寒的冬季，东北虎及其他北方地区的亚种，在白天也会出来捕食。

东北虎也叫西伯利亚虎，是现存最大的猫科动物，一般成龄虎体长1.5～2.5米，头圆、耳短、嘴方阔，四肢粗壮，尾长达1米，体重大约350千克，最大虎的纪录为780千克、4米长，是在俄罗斯发现的，体色夏毛棕黄色，冬毛淡黄色。背部和体侧具有多条横列黑色窄条纹，通常2条靠近呈柳叶状。头大而圆，前额上的数条黑色横纹，中间常被串通，极似"王"字，故有"丛林之王"的美称。还有一种说法：汉字"王"，是根据虎头斑纹之状所造的象形文字。由于东北虎有一张色彩艳丽的毛皮，使它在虎类世界中出类拔萃。但它胆小孤独、多疑、凶猛、强壮有力、动作敏捷，在丛林中出没无常，人们很难亲眼目睹野生的东北虎的真面目。

东北虎已被列入中国一级保护动物并被列入濒危野生动植物种行列。

虎 的 领 地

虎是一种孤独的森林食肉动物，一般每只老虎都有自己的领地，除了交配时期，从不和其他虎交往，雌虎独自生产和喂养幼虎，当幼虎成年后，雌虎将领地遗留给它，独自去寻找新领地。每只虎占领一块领地后，就会将本地所有大型食肉动物如狼、豹等赶走，所谓"占山为王"，老虎以鹿、獐、野羊等食草动物（也有吃食肉动物）为食，必须有足够的猎食领地以维持生命。

老虎的气味

老虎用吼叫和留下气味的方法区分各自的领地。老虎的嗅觉很差，它在寻找猎物时不大使用嗅觉，而依靠它灵敏的听觉和视觉。老虎分泌腺分泌出的气味是相当浓烈的，这种气味可以持续约三个星期。虎有时也会攻击人。印度农民用头后戴假面具的方式避免遭受老虎攻击，因为虎以为假面具是人以正面对它，它绝不会从正面攻击猎物。

虎的生存危机

今天，砍伐树木的电锯要比猎枪对虎威胁更大。大片森林的面积正在缩小，如果没有森林虎就无法生存。一只老虎大约需要30平方千米的森林空间，才能为它提供足够的食物资源和水源。而当虎长到2周岁以后，才能完全独立生活。虎的自然繁殖过程比较长，生育率不高，通常一窝产仔2～4只，而成活的只有一半。虎的8个亚种全部分布于欧亚大陆。因人为的影响，20世纪30年代，巴里虎灭绝；20世纪70年代，里海虎灭绝；20世纪80年代，爪哇虎灭绝。其余的5个亚种也濒临险境。产于我国的东北虎和华南虎已极度濒危。

华 南 虎

华南虎是中国特有虎的亚种，生活在中国中南部。识别特点：头圆，耳短，四肢粗大有力，尾较长，胸腹部杂有较多的乳白色毛，全身橙黄色并布满黑色横纹。在亚种老虎中体型较小的华南虎，目前几乎在野外灭绝，仅在各地动物园、繁殖基地里人工饲养着100余只。

华南虎雄虎从头至尾身长约1.8米，重为150～225千克。雌虎从头至尾身长为1.6～1.7米，体重约110千克。尾长80～100厘米。主要生活在森林山地。多单独生活，不成群，多在夜间活动，嗅觉发达，行动敏捷，善于游泳，但不善于爬树。与其他的虎的亚种相似，华南虎主要是猎食有蹄类动物，最喜欢体形为10～180千克的猎物。雄性华南虎则会攻击较大形的猎物，如黑熊及马来熊等。一般来说，一只老虎的生存至少需要70平方千米的森林，还必须生存有200只梅花鹿、300只羚羊和150只野猪。野生华南虎吃新鲜肉，捕食对象包括野猪、野牛和鹿类，体重30～900千克不等。

根据猫科动物学家 MAZAK 的研究，华南虎的条纹数量可能是中国所有亚种里面最少的。其毛皮上有既短又窄的条纹，条纹的间距较孟加拉虎、西伯利亚虎的大，体侧还常出现菱形纹。

华南虎较其他虎种原始，头骨长度与头骨宽度的比值较大，体形修长，腹部较细，更接近老虎的直系祖先——中华古猫。

"华南虎"一词源自我国。其实华南虎远不止分布于我国的华南地区，过去就连华东、华中、西南地区也有广泛分布。它是我国独有亚种，称为"中国虎"会更加合适。"华南虎"作为独立亚种的概念源于1905年，德国动物分类学家默尔·赫尔兹梅（Max Hilzheimer）博士依据5个产自汉口（今武汉）的虎头骨标本所定名的。"华南虎"学名 P. t. amoyensis 中的"amoyensis"（P. t. 为 Pantheratigris 的简写，意为虎）是"amoy"（厦门，地名）的拉丁化名词，19世纪初，美国史密森自然历史博物馆的博物学家卡德威尔来到福建采集标本，在厦门一带猎获了一种比东北虎体形小、毛色更深的老虎，并定名为"厦门虎"。

食 蚁 兽

食蚁兽仅以社会性的昆虫为食，其中主要是蚂蚁和白蚁。它们对这一类食物的适应不只改变了自己的咀嚼和消化结构，而且还改变了行为、新陈代谢速率和移动能力。食蚁兽是独居动物，除了母兽在背上背着幼仔时——这一时间长达1年，直到小兽几乎与成年兽一般大小。

不同种类的食蚁兽在分布上没有大的重叠，即使在小的重合处它们也在不同的时间及地层上活动。大食蚁兽主要在白天进食（虽然现在它们已因为人类的打扰而具有了夜行性），两种小食蚁兽在白天和黑夜都很活跃，二趾食蚁兽则是严格的夜行兽。与此相似的，大食蚁兽是陆栖动物，小食蚁兽部分树栖，二趾食蚁兽则几乎专门树栖。所有的食蚁兽都能挖洞和攀爬，但大食蚁兽几乎不攀爬，而二趾食蚁兽则几乎不下到地上来。不同的小型生境造成了它们食性的区别：大食蚁兽吃体型最大的蚂蚁和白蚁，小食蚁兽食用中型的昆虫，而二趾食蚁兽则只吃最小的昆虫。

无牙的食虫者

食蚁兽与树懒、犰狳，还有已经灭绝的古雕齿兽同属异关节目，但又是这个目里仅有的没有牙齿的成员。所有的食蚁兽嘴都很小，并且只能张成一个小椭圆形，嘴特别长，与身体不成比例。窄而卷的舌头则比它们的头更长，两种小食蚁兽的舌头伸出有大约 40 厘米，而大食蚁兽的舌头能伸到 61 厘米长。在所有的食蚁兽中，舌头都能卷起来，然后直接刺出去。它们的舌头上涂了一层很厚很黏稠的唾液，由唾液腺分泌出来，它们的唾液腺比其他任何动物的都相对大一些。食蚁兽的胃也不像普通的胃，而是含有蚁酸的，它们利用这种酸来帮助消化吃掉的蚂蚁和白蚁。

大食蚁兽的自然掠食者只有美洲狮和美洲虎。如果受到攻击和威胁，它会用后腿暴跳起来，用长达 10 厘米的爪子向攻击者猛砍下去。人们曾经看见大食蚁兽甚至把攻击者环抱起来，并碾碎它们。大食蚁兽和二趾食蚁兽前掌上第二和第三指上的爪最大，但是两种小食蚁兽的第二、第三、第四指上的爪最大。

所有的食蚁兽都有五个指以及四或五个指，尽管有些指头缩小了或者隐藏于前掌的皮肤中。大食蚁兽的第五指头以及二趾食蚁兽的第一、第四及第五指为缩小的指。食蚁兽活动的时候，前肢的指头向后收缩，以防止锋利的爪尖接触地面。有时它们用后脚的侧面行走，将其爪子向内转，这点和它们的"亲戚"——现已灭绝的地懒很相似。爬树时，小食蚁兽和二趾食蚁兽使用它们可卷起的尾巴和长达 400 毫米的爪子抓住树枝。当遇到威胁时，地上的小食蚁兽用后腿和尾巴保持平衡，并且用前爪疯狂地晃动。在防御时，二趾食蚁兽同样使用它能卷起的尾巴和后肢来抓住一根支撑的树干，而爪子则是向前和向内的。奇特的是，二趾食蚁兽能从一根支撑的树干上水平伸出，它的脊椎骨之间的额外的异关节让这种特别的技巧成为可能。此外，位于脚底上额外的（也是独特的）关节允许爪子向脚下面转以加强抓握力。栖息在树上的食蚁兽最常见的天敌包括角鹰、鹰雕和眼镜鸮，这些猎手在树冠上方飞行并且靠视力搜寻猎物。二趾食蚁兽的皮毛和构成跟木棉树的豆荚的银色绒毛巨球十分相似，因此形成了保护色，在这些树生长的地方经常能发现二趾食蚁兽。没有一种食蚁兽会发出特别的叫声，但是大食蚁兽在受到威胁时会吼叫。此外，和母兽分开的幼兽也会发出短的、高音的叫声。

挖掘食物

食蚁兽通过气味探寻食物，它们的视力可能很差。大食蚁兽吃体型大的群集的蚂蚁和白蚁。食蚁兽进食迅速，通常在蚁巢上方挖个洞，在下潜时舔食工蚁，同时以舌头每分钟动150次的速度吃幼蚁和卵。昆虫被粘在布满唾液的舌头上，接着便撞击在坚硬的上颚上，最后被吞入腹中。食蚁兽会躲避大颚蚂蚁和白蚁中的兵蚁。

由于口鼻部的皮很厚，很显然它们不受兵蚁叮咬的影响。而且它们待在每个蚁巢的时间很短，每次进食也只吃140只左右的蚂蚁（只占它们每天食量要求的0.5%）。食蚁兽很少对蚁巢造成永久性的损毁。它们的命运似乎和一个地区蚁巢的数量息息相关，为了获取足够营养，它们每天都会造访一些蚁巢（加起来每天总共要吃3.5万只蚂蚁）。它们也吃甲壳虫的幼虫，并从食物中获取水分。

在所有哺乳动物中，食蚁兽进食的方式独树一帜。它们缩小了咀嚼肌肉，将下颚骨的两个半边卷到中间，因此能分开前面的尖端并张开嘴。翼骨肌肉拉伸两个向内的下颚骨的后边，将前面的顶端抬高到嘴的位置，因此嘴巴得以闭合。结果是颚部的活动更简单并且最少，伴随着舌头进进出出的动作和几乎不间断的吞食，能使得每次摄入最大量的食物。

两种小食蚁兽专吃小型白蚁和蚂蚁，并且和大食蚁兽一样会避免吃兵蚁。

它们同样不吃有化学防御物质的白蚁种类，但是会吃蜜蜂和蜂蜜。一只小食蚁兽通常每天吃 9000 只蚂蚁。二趾食蚁兽进食栖息在树上吃平均长度为 4 毫米的蚂蚁和白蚁，而大食蚁兽则会吃 8 毫米或更大的猎物。

早熟的幼仔

通常所有种类的食蚁兽都是独居的。大食蚁兽的领地在食物丰富的地方可能只有 0.005 平方千米，例如在巴拿马巴洛克勒纳多岛的热带森林，或者巴西东南部的高地内就是如此。在蚂蚁和白蚁巢比较少的地带，如委内瑞拉的混合落叶林和半干旱大草原，一只大食蚁兽也许需要 24.8 平方千米的地盘。

雌性大食蚁兽之间的活动范围可能有 30% 的重叠，相比之下，雄性大食蚁兽之间一般只有 5% 的重叠。两种小食蚁兽的体型还不到大食蚁兽的一半，并且有着跟巴洛克勒纳多岛同样良好的栖息地，每只的领地面积为 0.5～1.4 平方千米。在广阔的大草原上，一只小食蚁兽需要 3.4～4 平方千米的活动区域。雌性二趾食蚁兽在巴洛克勒纳多岛的领地平均起来是 0.028 平方千米，相比之下，一只雄性个体需要大约 0.11 平方千米，雄性个体的活动范围要和两只雌性的活动范围重叠，但与邻近的雄性个体则没有重叠现象。虽然四种食蚁兽的地理分布不一样，但当它们在同一栖息地出现时，每个个体的领地看起来并没有受到其他个体出现的影响。

大食蚁兽和两种小食蚁兽在秋天交配，幼仔会在春天出生。大食蚁兽站立着分娩，把尾巴当成除了后腿之外的第三个支撑。新生幼仔很早熟并且有着锐利的爪子，使得它们在出生后不久就能抓住母兽的背部。一胎两只幼仔的情况很少见，新生幼仔会经过大约六个月的哺乳期，但是可能在 2 岁之前一直跟随母兽，直到它们达到性成熟。大食蚁兽的幼仔在出生后 1 个月内会猛长，但一般还是移动缓慢并且被母兽背在背上。两种小食蚁兽可能会将幼仔放在首选的哺乳地点边的一根树枝上，或者将它们放在树叶巢中一小段时间，二趾食蚁兽也会如此。二趾食蚁兽会给幼兽喂已半消化过的蚂蚁，雄兽和母兽都提供这种反刍食物，幼兽可能被它的父亲或者母亲带着并喂养。幼小的大食蚁兽是它们父母的缩影，而幼小的小食蚁兽与它的父母并不相像。

大食蚁兽事实上并不挖洞，只是挖出一个浅浅的凹型地坑，一天睡上 15 个小时，休息时，它们会用大大的扇状尾巴盖住身体。两种小食蚁兽一般找树洞休息，二趾食蚁兽在白天则蜷曲在树枝上睡觉，用尾巴包住脚，它们一般不会在一棵树上超过一天，每天会换不同的树。

大食蚁兽和两种小食蚁兽能从肛门腺产生出一种有极强气味的分泌物，二趾食蚁兽则有一个面部腺，但其功用还不清楚。大食蚁兽也能辨别出它们自己的口水味，但是否用唾液分泌物来进行交流还不是很清楚。

所有的食蚁兽都有很低的新陈代谢率：在有胎盘的哺乳动物里，大食蚁兽的体温是有记录者中最低的，只有 32.7℃；两种小食蚁兽和二趾食蚁兽的体温也不是很高。大食蚁兽和两种小食蚁兽日常活动时间一般都不超过 8 小时，二趾食蚁兽则更短，只有 4 小时。

主要基于微小的颜色样式区别，大食蚁兽被分成了 3 个亚种，中美小食蚁兽则被分成了 5 个亚种。中美小食蚁兽的颜色变化主要在于黑色"背心"部位的大小和黑度，这一物种的所有个体几乎都不同程度地显露出具有这个特征的记号。那些北部区域里的中美小食蚁兽的皮毛一般都是始终如一的明亮颜色，而南部区域的小食蚁兽皮毛则有着显著的背心式毛块。在地理上毗邻的区域里，这种物种的不同尤其显著，并且可能是性状转移的一个优秀例子。皮毛颜色的变更能解释为什么小食蚁兽会被分为 13 个亚种，皮毛颜色的不同也能解释二趾食蚁兽被分为 7 个亚种的原因。在北部区域，二趾食蚁兽一律都是金黄色，或者背部有暗色条纹，但越往南颜色越变为灰色，背部条纹也越来越暗。

猎人的猎物

除了当地皮革工业小规模使用小食蚁兽皮外，食蚁兽几乎没有什么商业价值，也很少被人类猎杀以作为食物。尽管如此，因为栖息地的丧失和人类的侵扰，大食蚁兽还是从历史上它们在中美洲存在过的区域里消失了。在南美洲，它们经常被作为纪念品捕获或被动物商人捕捉，在秘鲁和巴西的某些地方，它们已经绝迹了。两种小食蚁兽出现在接近人类居住地时，也会遭遇厄运，它们很可能被猎狗所追逐，或者在人类居住地附近的公路上被轧死。在委内瑞拉大草原上，幼小的小食蚁兽则可能被驯养，并且成为人们很喜欢的宠物。尽管如此，对这些生物来说，最严重的打击莫过于栖息地的丧失和它们所依赖的猎物种类的消亡。

亚 洲 象

亚洲象又名印度象、大象、野象。体长 5~6 米，体重达 4000~6000 千克。最引人注目的是那根长约 2 米的肉质长鼻，鼻端有 1 个肉突。雄象的象牙长达 1 米多，是它强有力的防卫武器。雌象没有象牙。眼小耳大，耳朵向后可遮盖颈部两侧。四肢粗大强壮。尾短而细。皮厚多褶皱，全身披着稀疏的短毛。前足有 5 趾，后足有 4 趾，共有 19 对肋骨（其中苏门答腊亚种有 20 对，但比非洲象少一根），头骨有两个突起，背拱起。性情温和，比较容易驯服。

亚洲象属今天只有一种，包括 4 个亚种，印度象、锡兰象、苏门答腊象、婆罗洲侏儒象，分布在南亚和东南亚。

亚洲象是亚洲哺乳动物中的庞然大物，亚洲象全身深灰色或棕色，体表散生有毛发。成年雄性亚洲象肩高为 2.4～3.1 米，重为 2.7～5.5 吨，雌象体形稍小。象的耳朵很大，有丰富的血管以便散热，尾巴不长，顶端有毛刷。同非洲象相比，亚洲象体形较小，耳朵较小，前额较平。

上门齿突出于口外，略向上翘，最大的象牙长为 1.5～1.8 米。只有雄性亚洲象长有象牙。象皮厚毛少，鼻与上唇愈合成圆筒状长鼻，两个上颌门齿大而长，就是所谓的"象牙"，口中一般每侧有三个前磨牙和三个后磨牙，食用高纤维的食品，如树叶、草类等，磨牙并不是同时长出，现存的磨牙磨损后，新的磨牙才长出来，所以如果最后一颗（第六颗）磨牙大约在 60 岁磨损后，老象可能死于营养不良，如果继续饲喂磨碎的食品，它有可能继续活下去。

亚洲象的象鼻是鼻子的延伸，顶端有一手指状突出物非常敏感而灵巧。大象使用象鼻呼吸、闻味、喝水（吸水后放入口中）以及携握物品。

亚洲象属于国家一级保护动物，它们栖息于热带地区。常在海拔 1000 米以下的沟谷、河边、竹林、阔叶混交林中游荡。好群居，喜游泳，没有固定的住所，活动范围很广。

河 马

河马是非同寻常的双物种现象的一个典型例子——双物种现象即两个有很近血缘关系的物种分别适应不同的栖息地（其他例子包括森林象和草原象以及两种野牛）。大一点的河马栖息在草地上，小一些的则生活在森林里。

河马因其生活被划分和隔离的方式而显得不同寻常，如繁殖和觅食发生在不同的栖息地，白天在水里活动，夜间在地上活动。生活区域的划分被认为和

它们独特的皮肤结构紧密相关，当它们暴露在白天的空气中时，皮肤的失水率很高。因此，它们白天花大部分时间待在水里是十分必要的。事实上，河马的失水率比其他动物要多好几倍，每 5 平方厘米的皮肤每 10 分钟就要失掉 12 毫克的水，其失水率是人的 3 ~ 5 倍。

两栖有蹄类动物

普通河马有着大的桶状的身体，靠它们那看上去似乎难以支撑体重的相当短的腿来平衡，实际上河马大部分的时间都是浮在水里的。它们的眼睛、耳朵和鼻孔都在头的顶部，使得它们在水中的时候可以看、听和呼吸。由于水栖性比较差，倭河马的眼睛长在头部更靠边的地方。此外，它们的脚也很少有蹼，而是有着更短的侧趾。河马身体两侧的前部是倾斜的，使得它们可以通过那些矮层的丛林；普通河马的背脊和地面大致是平行的。两种河马的下颌都在头骨后面很远的地方，因此它们可以打大大的哈欠。它们的嘴巴可以张开到 150°，而人的嘴巴只能张开到 45°。

两种河马都主要在夜间活动，但普通河马在草原出没，倭河马则是森林动物。

普通河马白天待在河、湖或泥坑里。在黄昏，它们开始外出到内陆 3 ~ 4 千米的范围里吃草。一些河马，通常是雄性，在湿润的季节，会选择待在草原上出现的临时泥坑里休息，以便节省能量，而不总是回到那些永久的水域里，这样一来，这些河马可以将它们的活动范围扩大到 10 千米。

有的时候，倭河马待在河床的洞穴里，但这显然不是它们自己挖的洞穴，而是诸如非洲小爪水獭或者斑颈水獭这些动物的活动造成的——它们在树根之间挖洞穴，这些洞穴会随着河水的冲刷和侵蚀而变大。

一直以来，河马同猪以及西猊，都被分在偶蹄目中的猪亚目，但近来有关线粒体 DNA 的研究提供的证据表明，河马和鲸类有着更近的联系。鲸类和偶蹄类动物有亲缘关系已经被大家所接受，但是先前并没有确定哪组偶蹄动物和它们最接近，现在看来，就是河马。鲸类和河马的分化大约出现在 5400 万年前，但这并不意味着一种是另一种的继承，仅仅意味着它们有着共同的祖先。鲸类和河马的化石记录非常有限，因此我们或许永远也搞不清它们共同祖先的模样。

非 洲 特 有

普通河马，也就是两种中体型比较大的那种分布在非洲撒哈拉以南，大部分种群发现于东部和南部的一些国家。小一些的倭河马主要限于利比里亚，在其邻国塞拉利昂、几内亚以及科特迪瓦也有一些小群，还有一个隔绝的亚种则存在于离利比里亚 1800 千米远的尼日尔河三角洲附近地区，其数量从来就不多，现在是否依然存在还有争议。

尽管它们现在仅存在于非洲，但是河马过去的分布要广泛得多。那些已经灭绝的河马虽然不曾到达澳大利亚和美洲，却曾经大量出现在欧洲和亚洲。

有节制的进食者

考虑到它们巨大的体型，河马的饮食习性相对而言是比较"节约"的。它们每天只吃相当于自身体重 1%～1.5% 的食物，是可与之比较的诸如白犀这样的哺乳动物的一半。从乌干达精选出来的河马身上发现，其雄性胃的平均净重只有 34.9 千克，雌性为 37.7 千克。由此看来，成天待在温暖的水里是保存能量的一种高效生活方式。

普通河马一般只吃草，有时也附带消化一些双子叶植物（非禾本科草本植物），但任何时候都不会吃水中的植物。尽管有些孤立的报道说河马也吃肉，有时候其"猎物"还是被它们杀死的，但通常它们只吃一些腐肉，只有一例报道说它们自相残杀。倭河马有着更为不同的食物范围，由落下的水果、蕨类植物、双子叶植物和草类组成。它们晚上离开水去吃水果、蕨类植物的叶子或者森林

地表的草，它们用厚厚的唇去取食，而不是通过牙齿去咬。

河马需要依靠它那不同寻常的消化系统，以分解那些占它们草类食物主体的粗糙的纤维素。它们的胃由 4 个胃室构成（尽管有权威人士坚持认为只有 3 个），其功能同反刍动物中的牛和羚羊比较类似，发酵"桶"中的微生物会产生分解纤维素所需要的酶。河马还会将那些部分消化了的食物重新返回到嘴里，进行第二次咀嚼。

群居但是不爱交际

河马的群居生活并不突出。大约 10% 的雄性是有领地的，但由于两栖的本性，它们并不保卫小块的陆地，而是防卫长达几百米的河岸或者湖岸。它们也允许其他雄性进入领地，前提是它们必须很顺从，但是会尽全力独享同领地里的雌性交配的权利。如果一个独身的雄性没有遵守这一规则，挑战领地所有者的权威，激烈的争斗便一触即发。血腥的争斗往往会导致其中的一个死亡，它们的攻击主要依靠长达 50 厘米的锋利的下犬齿。河马在排便过程中，会猛烈摇晃它们的尾巴，把它们的粪便喷得很远很广。这有着一定的社会意义，因为雄性可以通过这个做标记，以便彼此区分开来。扩散粪便更可能被作为一个重要的定位手段，因为那些从矮树丛蔓延到吃草的地面的区域通常是被喷过标记的。

雌性通常存在"派别"，但它们并不以群居的团体形式出没。雌性之间并没有什么联系，尽管每天早晨回到同样的水域里。除了带着幼仔之外，它们一般会离开水独自去觅食，另有证据表明，它们会经常更换领地。普通河马是以"自我"为中心的，只是临时选择群居而已。

倭河马同样缺乏社会性，除了交配以及带着幼仔的母河马之外，人们经常发现它们独自生活。人们不能完全确定它们是否是有领地的动物，但一般认为它们不是。雄性一般生活在和其他雄性有重叠的居住范围里，很多雌性也共同生活在这片区域内。当人们发现成年倭河马在一起时，通常是雄性在交配之前追求雌性，而类似的示爱却不会出现在普通河马身上，它们的交配是高度强制性的，雄性一般会粗暴对待雌性。两种河马的交配一般都发生在水里，倭河马有时也在陆地上交配。

　　河马的水栖习性部分是由它们的皮肤结构决定的。河马的皮肤非常厚（普通河马最厚处可达35毫米），包括一层薄的含有很多神经末梢的真皮上面的表皮和一层浓密的含有纤维的胶原质层，这种结构赋予了它们很大的力气。真皮下面布满了粗糙的网状的血管，但是没有皮脂腺（真正的温度调节器），这就意味着它们不能出汗，因此水是让它们的身体降温的关键所在。和某些大型哺乳动物通过白天吸收阳光的热量，然后在凉爽的夜晚释放热量来调节身体的温度所不同的是，普通河马主要依靠待在水里，从而将体温持续地保持在大致不变的范围以内。倭河马也是采取同样的体温控制方式，它们皮肤的生理特点与普通河马是类似的。

　　除了尾巴上和嘴周围有一些刚毛之外，河马的皮肤是无毛的，也被认为是很敏感的。河马的体色是略带浅灰的黑色，适度夹带着一些略带粉红的棕色，而倭河马则是清一色的黑色。

　　关于河马分泌血液的荒诞说法可能源于它们皮肤下面腺体产生的被当做"防晒霜"的大量分泌物，在阳光下，这种分泌物能由无色变为红棕色。这种分泌物还有抗菌特性，可以快速干净地治愈那些在同其他雄性争斗中造成的创伤。

　　河马的生殖器官和常见的哺乳动物大同小异，但它们的睾丸是部分下沉的，因没有阴囊导致很难区分性别。雌性的两个特别之处在于：阴道的上部有明显的大量的褶皱，生殖道的前庭有两个突出的囊。这些部位的功能至今还是未知的。

　　普通河马能够产生引起共鸣的呼喊，一开始是声调很高的尖叫，随后是一系列深沉的隆隆的低音，这在很远的地方都能听见。大部分的呼喊是在空气中传播的，但最近的研究表明，普通河马在水下也可以做到这一点。

　　所有的普通河马都是在夜间发出呼喊，但此时正在吃草的其他河马并不能听见，不知道这些呼喊究竟有什么用。所谓的"齐声合唱"是雄性团体喜爱的，当一群河马一起咆哮，然后被邻近的河马群回应时，声音就像波浪一样，沿着河流传开。这样的声波可以在4分钟内传到下游的8千米处。声音越大，

表明群体越大，也就意味着雄性的领地统治者更为强大，因此这些声波也是针对雌性很好的"广告"。这种呼喊有时也被领地所有者用来向无领地权的其他雄性展示力量、发号施令。

有时河马会在水下发出嘀嗒的噪声，这种水下的呼喊被用来宣告在黑暗的水里有一只河马存在。没有证据表明这些是用来起定位作用的，然而解剖学证据表明，水下的声音是通过颌骨来收集的，因此这些呼喊能同时被水面以上的耳朵和水面以下的颌感知。

河马的怀孕期持续大约8个月（倭河马为6.5个月），这对于如此巨大的动物而言是比较短的，但同时提高了河马产崽的频率。分娩可以发生在陆地上，但主要是在水中。哺乳也是两栖的，一直持续到幼仔完全断奶为止，大约1年。两种河马一般都是在6~8个月大的时候开始断奶，断奶之后，幼仔仍然和母河马待在一起，直到完全长大，大概到8岁时离开。

两种河马的繁殖生理的相似性表明，倭河马比较小的身体是近期进化的结果。当然也发现过相当大的倭河马化石以及比较小的普通河马的化石。

偷猎者的重要目标

倭河马主要生活在浓密的雨林中，由于它们独居和夜间活动的习性，使得人类很难观察到它们，更不要说统计它们的数量了，粗略估计从几千只到上万只。

对倭河马的生存构成最大威胁的是森林的消失，另一个则是人类的猎杀行为，虽然目前还很难评估猎杀的危害。能提供可持续的栖息地的利比里亚萨坡国家公园，是河马存活下去的最大希望所在，人们最近在那里发现了河马的身影。那些生活在尼日利亚的河马亚种身份需要确认，但它们很有可能已经灭绝了。

倭河马在动物园里表现得很适应，繁殖哺育也很正常，但并没有达到它们最理想的状态。这可能部分归因于动物园理所当然地给它们进行一雄一雌的配对，这违背了它们的自然习性，从而导致生殖能力的下降。尽管如此，在过去的 25 年里，被人类圈养的河马数量仍增加了一倍，几乎现在所有动物园中的河马都是人工繁殖的。倘若我们不把注意力集中到潜在的遗传问题上，这或许意味着即使不确定它们在野外是否会灭绝，但将它们保留在动物园仍然是个好办法。

普通河马和倭河马在很多方面有相似之处，但它们的生态习性大不相同，它们像需要水一样，需要依赖那些草地生存下来。根据在乌干达的发现，河马的分布密度从默奇森瀑布国家公园的每平方千米 9.4 ~ 26.5 头，到伊丽莎白女王国家公园的大约每平方千米 28 头不等。后者的密度是非常高的，研究发现，高密度会导致过度取食和栖息地退化等情况的出现。觉察到伊丽莎白女王国家公园的过度拥挤情况后，20 世纪 60 年代初期，人类开始采取了淘汰劣质河马的措施，21 000 头河马中的大约 7000 头被射杀了，从而使得植被得到恢复性增长，也让这些大型哺乳动物群体变得更加平衡、和谐。

根据 1988—1989 年的大陆范围内的数量普查，发现普通河马的数量要多于倭河马。虽然不同国家调查的精确性有所不同，但最乐观的估计是整个非洲大陆总共有 17.4 万头河马，其中南部非洲有 86 400 头，东部非洲有 79 500 头，西部非洲只有 7700 头。拥有河马数量最多的国家是赞比亚（4 万头），接下来是刚果（金）（3 万头）。34 个拥有河马的国家中有 18 个国家的河马数量出现了下降，仅在 2 个国家发现了河马数量的增加，另有 7 个国家河马的数量据说很稳定，但其他国家没有关于河马保护的相关情况。

调查清晰地表明，西非是需要保护河马最为紧迫的地区。在那里，不仅河马数量不多，而且正在被分裂成最多几百头小的亚种群；另外，西非也不能给河马提供很惬意的生存环境。

从部分地区来说，尽管栖息地很重要，但对于普通河马而言，比栖息地流失威胁更大的是偷猎。因为它们白天习惯于聚集在大的群体中，使得它们很容易成为偷猎者的目标。人类猎杀河马是为了获取它们的肉，它们的大犬齿和门齿则常被当作奖赏的战利品。象牙的买卖禁令常使得河马犬齿的贸易量增长，这是循环性的。

河马有时因为破坏庄稼而招致敌意，而且它们偶尔也会伤害人类。它们最经常袭击的庄稼是水稻，因为水稻更接近于它们常吃的草类。在那里，即使谷物没有被吃掉，庄稼地也会因为被践踏而遭到破坏。

农民主要依靠呼喊以及敲击铁罐发出的声音来保护其庄稼不被河马袭击，但这是非常危险的。射杀是一个选择，不过需要由当地政府而不是农民来执行，但由于官僚政治的拖延，使得其效果甚微。以马拉维为例，928 头要被射杀的河马中有 651 头带伤逃跑了。动物权益保护人士认为，这些河马是极其危险的。那些受河马袭击风险最高的人是独木舟上的渔民，那些狂暴的河马很容易就能掀翻小船。

尽管单一的动物园很难拥有多头河马，但普通河马如同倭河马一样，在动物园中生活得很好，并产下了很多后代。动物园和研究机构的合作，对于让那些圈养的河马克服遗传限制是十分必要的。

金 丝 猴

金丝猴是很美丽的。金丝猴身上披着黄色丝样的毛，长达 30 多厘米，由此而得名。这种猴子的鼻骨极度退化，即俗话所说的没有鼻梁子。因而形成上仰的鼻孔。金丝猴脸为天蓝色，在头顶上生有黑褐色毛冠，两耳长在乳黄色的毛丛里，棕红色的面颊由橘黄色衬托。胸和腹部乳白色，而四肢外侧却为棕褐

色，色泽向体背则越深，从那深色毛区中，伸展出缕缕金丝，犹如贵夫人的金色斗篷。金丝猴的体毛五颜六色，风雅华贵。雄猴威武雄壮，雌猴婀娜多姿，真不愧为当今"美猴王"。

金丝猴的生存现状

我国金丝猴分川金丝猴、黔金丝猴和滇金丝猴三种（还有一种越南金丝猴），均已被列为国家一级保护动物。金丝猴是一种古老的动物，早在 300 多万年前就已经存在，曾在四川、贵州及广西的山洞堆积物中找到金丝猴的化石。历年来，由于乱捕滥猎，几种金丝猴的数量日渐减少，其分布区由过去的西南、华中广大地区缩小为现在仅限于川、陕、甘，以及滇、贵、鄂的局部山区中。

高山上的金丝猴

金丝猴生活在海拔 1400 ~ 3000 米的阔叶林和针阔混交林中，与大熊猫同域分布，同样惧酷暑而耐严寒。滇金丝猴则生活在海拔 3800 ~ 4700 米的热带松杉林中，那里山势陡峭，气温很低。滇金丝猴一年中有好几个月都在雪地生活，故又有"雪猴"之称。这几种金丝猴在树上活动的时间多，没有固定的住处，晚上都在树丫间挤着睡。

森林卫士——金丝猴

滇金丝猴喜群居生活，在清晨或黄昏活动。它是世界上栖息地最高的灵长类动物。金丝猴最大的群体可达 600 余只，在灵长类中，如此庞大的群体亦属罕见。它们主要在树上生活，也到地面找东西吃。主食有树叶、嫩树枝、花、果，也吃树皮和树根以及昆虫、鸟和鸟蛋。吃东西时总是吧唧着嘴，显得那样香甜。寄生在高山针叶林区的松萝是滇金丝猴的食粮。松萝的寄生影响树木的生长，所以滇金丝猴可以称得上是森林的"小卫士"。

母子情深的猴子

母爱在金丝猴身上表现得非常突出，母猴无微不至地关心和疼爱自己的孩子，尤其是在哺乳期，母猴总是把仔猴紧紧抱在胸前，或是抓住小猴的尾巴，丝毫不给它离开玩耍的自由。在此期间，朝夕相处的丈夫，尽管向夫人献了许多殷勤，又是理毛，又是捡痂皮，也别想摸一摸自己的后代，更甭提抱抱小猴亲热亲热了。母猴总是抱着小猴，把背朝着自己的丈夫，丝毫不给丈夫抚爱子女的机会。

神秘的滇金丝猴

滇金丝猴对许多人来说可能很陌生。有的人虽然知道它的名字，也从未见过其尊容。由于滇金丝猴生活的地区山势险峻，森林茂密，海拔极高，交通不便，对滇金丝猴的研究很困难。1890 年，两名法国人在云南德钦县猎获 7 只滇金丝猴并制成标本运回了法国。之后许多科学家均推断这种稀有动物已经灭绝了。直到 1979 年，我国的动物学家才在野外再一次看到了活蹦乱跳的滇金丝猴。

滇金丝猴的生存危机

滇西北的藏民认为滇金丝猴是人类的远亲，不能捕杀。独特的人文及自然环境条件使金丝猴依旧生存在自然的怀抱里。然而，由于当地对森林的砍伐，滇金丝猴的家园被破坏，它们的数量越来越少。滇金丝猴的眼睛里所见的绿色越来越少，它们澄澈的瞳仁里已充满了幽怨，"给我一个家园"，人类已听到了它们的呼喊。

长 臂 猿

　　长臂猿在全世界共有 9 种，我国产的有 4 种，即黑长臂猿、白掌长臂猿、白眉长臂猿和白颊长臂猿。这 4 种长臂猿，目前仅在云南和海南岛尚有为数不多的群体，属于非常珍贵的稀有动物，已被列为国家一类保护动物。

　　长臂猿主要生活在树上，特别爱在古树参天的森林里活动，是整个兽类中最灵活、最敏捷的"攀援者"和"臂行者"。它们能够在树上来去如飞，这种神速无比的"臂行法"，姿态十分优美。据考察，长臂猿的啼叫声极为嘹亮，可以与南美洲森林里的吼猴相媲美，被并列为世界上最出色的高音歌星。

　　长臂猿是小群生活，地域性很强，每群一般不超过 5 只，都有各自的地盘，不准他群侵入，否则就会发生纠纷。长臂猿的啼叫既是取乐的一种方式，又是群体内相互联络的一种信号，也是相互警戒、保护自己的一种警告声。

　　黑长臂猿又名"黑冠长臂猿"，产在云南南部和海南岛。雄猿浑身全黑，头顶上有一撮直耸的黑冠毛；雌猿棕黄色，头的额部正中有一道黑褐色纹。

　　白掌长臂猿产于我国云南西南地区，通常浑身上下也是黑色，不过它的手和足部，却因呈现灰白色而得名。多数白掌长臂猿整个面部有一圈白毛，少数则是大半圈白毛，常被人误认为是不同种的长臂猿。

187

白眉长臂猿产于云南西部，由于它眉额处有两道白眉纹而得名。幼猿白色，长成后雄猿变成黑褐色或赤褐色，雌猿变成淡黄色。

白颊长臂猿原来作为黑长臂猿的一个亚种，现人们已把它独立成一种。雄猿与黑长臂猿一样，虽然全身也是黑色，但是两颊长有较长的白毛，故得名白颊长臂猿。雌猿灰棕黄色，头顶部和两边耳部有黑斑。国内仅分布于云南南部，它们栖息在海拔 1500 米以下的热带密林中，常以一对成年个体和数个幼体组成小群，树栖生活。每群占有一定的区域觅食，以嫩枝芽、树叶、各种果实和昆虫、鸟蛋等为食。

长臂猿是我国唯一的类人猿。令人担忧的是，它们已数量不多，濒于灭绝。

大 猩 猩

大猩猩是现存体型最大的灵长类动物，它们同两种黑猩猩是与人类血缘关系最近的猿类。事实上，来自化石和生物化学的数据都表明，与猩猩相比，黑猩猩和大猩猩与人类的关系更近。

除人类以外，猿类应该是陆地上最聪明的动物了，至少依照我们的标准来看是这样。它们至少可以学会 100 个用聋哑手势表示的"单词"，甚至能将某些词串成简单而合乎文法的双词"短语"。然而，大猩猩可怕的外表、巨大的力气和捶打胸膛的动作，却使猎人认为它是凶残的动物。事实上，雄性成年大猩猩只有在互相争夺雌性大猩猩，或者保护它们的家庭成员不受掠食者和猎人伤害的时候才具有危险的攻击性。

最大的猿类

　　大猩猩与黑猩猩的不同之处在于，前者体型要远远大于后者，而且身体的比例（与腿相比，手臂更长，手和脚也比黑猩猩的短和大）和颜色模式也不同。特别是大猩猩需要更大的牙齿（特别是臼齿）来处理大量的食物，从而维持它那庞大的身躯，这就还需要更强大的咀嚼肌，特别是颞骨肌——该肌肉一般与雄性头骨的中线汇合，并与弧形的头顶相连。雌性大猩猩和黑猩猩的头盖骨比较小，然而头骨后面更大的一块骨头才是辨别雄性大猩猩的典型特征。它明显地影响了头部的外形。

　　除此以外，雄性大猩猩的犬齿比雄性黑猩猩和雌性大猩猩的更大，大猩猩可以利用犬齿给对手甚至是掠食者造成严重的伤害。从进化的角度看，这可能是因为那些赢得雌性以及为雌性提供最好保护的雄性，正是那些拥有最强大武器的雄性。雄性的头骨比雌性大是因为它们需要更多的食物，需要有更强大的肌肉去碾碎粗糙的食物，同时它们也需要更大块的肌肉来增加它那巨大犬齿的伤害力。大猩猩的耳朵比较小，鼻子上有宽大的脊一直延伸至上嘴唇，从而扩大了鼻孔。

　　大猩猩主要生活在地面上，用四足行走——它们用后脚底和前肢的指关节走路。然而，由于西非的果树数量比东非更多，那里的成年大猩猩——包括巨大的雄性——会花不少时间去吃高挂在树上的果实，体重比较轻的个体甚至可以用它们的上肢从一棵树荡到另一棵树，而幼年大猩猩则会在树上嬉戏。虽然大猩猩偏好吃果实，如无花果，但在很难获得果实的地区或时期，它们也会吃树叶、木髓和茎干。莎草、香草、灌木、藤蔓等构成大猩猩后备食物的植物在沼泽、山区和次生林里生长得最好，因为这些地方没有森林顶篷的遮盖，充足的阳光可以到达地面。

　　大猩猩巨大的体型和食果的习性意味着它每天必须花很长的时间进食，以维持自己的体重，这就阻止了大猩猩进行经常性的长途迁徙。虽然大猩猩群体的活动范围可达 5 ~ 30 平方千米，但它们通常的移动范围每天只有 0.5 ~ 2 千

米。就群体的活动范围和每天移动的距离而言，东部大猩猩都要比西部大猩猩少，因为在东非的森林里果树的种类更少。因此，东部大猩猩的食物种类中树叶的比例比西部大猩猩的大，它们每天可以不用走太远去寻找食物。

每天行进很短的距离意味着大猩猩不可能是地盘防卫性的动物，因为即使一块只有 5 平方千米大的范围，它的周长也有 8 千米，或者说至少是每日普通行进距离的 4 倍，因此，它们的活动范围是无法有效防卫的，所以，邻近的大猩猩群体才会有大片重叠的活动范围。事实上，即使是使用最频繁的核心区域也是可以重叠的。

大猩猩通常在早上和下午进食，中午有一两个小时的休息时间。像所有的大猿一样，它们在晚上筑巢——将树枝和树叶扯下并折弯后当做台子或垫子放在身下。这种巢可以将大猩猩与寒冷的地面隔开或者将它们支撑在树上，而且，也能防止它们滚下悬崖。这种习性在非洲东部尤其有用，因为对大猩猩进行普查的人可以通过它们巢穴的数量以及周围粪堆的大小来测量大猩猩家庭成员的数量和体型。在西非，大猩猩通常是不筑巢的。

大猩猩没有明确的繁殖季节。它们通常每胎产 1 崽，这和大部分体重超过 1 千克的灵长类动物一样。生出双胞胎的几率很小，即使生出来了，通常也会因为体型太小（而且对于母亲来说，要把所有幼仔带到几个月大实在太难了）而总会死掉一只。新生幼仔的体重一般为 1.8~2 千克，粉红色的皮肤上几乎没有什么毛。它们 9 周之后开始爬，30~40 周之后开始行走。与人类相比，大猩猩断奶的时间更晚，因而雌性大猩猩产崽的间隔约为 4 年。然而，在出生的头 3 年内大猩猩的死亡率高达 40%，这就意味着一只成熟的具有生育能力的雌性大猩猩在 6~8 年中只能成功带大 1 只幼仔。雌性大猩猩在 7~8 岁时达到性成熟期，但它们通常在 10 岁左右才能生育。雄性成熟得稍晚，由于激烈的竞争，它们很少在 15~20 岁以前参与生育。

有限的分布

两种大猩猩生活在非洲的两片间隔很远的地区，最初有可能是在中新世时被刚果盆地的湖泊分开的，然后，大约在 500 万年前，这个地区逐步干涸，森林也逐渐退却到了更高的地区。后来，大猩猩没有再回到刚果盆地的中央，也许是因为没有时间，也许是因为树木挡住了阳光，而使蔓藤类植物无法生长，无法提供给大猩猩这庞然大物足够的食物。

虽然它们仅生活在非洲很小的地区，但其栖息地在海拔上跨度很大，从西非的海拔 0 米一直到东非的 3790 米。最奇特的是，生活在东部边缘的最高海拔地区的山地大猩猩却是最有名的种类，人们对西部大猩猩的行为则了解相对较少，因为浓密的植被阻挡了人类观察它们的活动。

"一雄多雌" 的生活

在所有的大猿（人科）中，大猩猩的群体关系最为稳定，同一批成年大猩猩会一起活动好几个月甚至好几年。和果实特别是成熟果实不同，大猩猩所需要的树叶数量丰富，因此可以养活大群的大猩猩。在西非，由于大猩猩的食物种类中果实的比例比东非的高，它们的群体通常会分成临时的亚群体，这样群体成员可以在较大范围内寻找相对稀少的成熟果实。

大猩猩的群体数量最多为 30 ~ 40 只，但通常是 5 ~ 10 只。在东非，一个群体一般包含 3 只成熟的雌性，4 ~ 5 只年龄不等的幼仔和 1 只雄性。这只雄性大猩猩通常被称为 "银背大猩猩"，因为它们的背部通常有银白色的鞍状斑纹。在西非，一个群体似乎很少超过 10 个成员，而在东非，15 ~ 20 只的群体并不少见，而且根据记录，有的群体数量超过 30 只。

任何一只银背大猩猩的 "妻妾们" 都是没有血缘关系的，它们之间的社会联系很弱，这方面和许多亚洲、欧洲、非洲大陆猴类很不一样。通常雌性大猩猩在青春期时就离开它们出生的群体，加入其他的群体中。因此，和很多其他灵长类相反，将群体维系在一起的是雌性和雄性之间的联结，而不是雌性之间的联结。

银背大猩猩对雌性的吸引力在午休的时候表现得最明显，这个时候，整个群体都会聚集在雄性统治者的旁边：年轻的大猩猩在玩耍，成年大猩猩或者睡觉，或者相互梳毛，或者为它们的幼仔梳毛。相互梳毛可以清除皮毛上的泥土

和寄生虫，也是表达亲密关系的方式，对于许多灵长类动物来说，这有助于建立和维持合作伙伴关系，但是大猩猩梳毛的频率不如其他社会性的灵长类动物高。母亲会为后代梳毛，而未成年大猩猩和成年雌性大猩猩会给银背大猩猩梳毛，有血缘关系的雌性会相互梳毛，没有血缘关系的雌性则很少相互梳毛。为什么成年雌性大猩猩不需要将梳毛作为一种抑制侵犯或维持合作关系的机制因而表现出明显的地位差别呢？这似乎是因为相对充足的食物减少了竞争而不需如此吧。

3/4 的年轻雌性最终会迁出它们出生的群体。它们之所以这样做，是因为继续留下来根本没什么好处，同时，也是为了避免近亲繁殖，因为，它们的父亲在它们成熟以后还需要继续繁殖。在离开以后，它们会立刻去寻找附近的银背大猩猩，这些银背大猩猩通常不会超过 200 ~ 300 米远。然而，它们通常不会与刚刚迁移到此的雄性大猩猩待在一起，最终决定雌性选择哪一只雄性的因素是雄性的领地范围和战斗的能力。战斗的能力是很重要的，因为银背大猩猩必须保护雌性及其后代免受掠食者和其他雄性的侵害。这是一种严重的潜在威胁，因为雌性大猩猩的防御能力很弱，它们的体型比雄性小得多，而且那些非"亲戚"的伙伴是不愿意为了"别人"的利益而拿自己冒险的。

大约有 1/3 的幼仔是被非父亲的其他雄性杀死的。对这种"杀婴"现象最合理的解释就是一旦幼仔被杀，它的母亲就会停止分泌乳汁并很快恢复生育。如果一只雄性大猩猩杀死一只 1 岁的幼仔，它就可以提前 2 年交配。在很多"杀婴"率高的物种中，例如狮子和哈努曼叶猴，"杀手"就是进入群体并取代统治者的雄性。这种"杀婴"现象一般发生在雌性加入非父亲的雄性群体时，这可能是因为以前的常驻雄性死亡了，也可能是因为它带着它的幼仔主动迁移到了新的雄性那里。然而，当这个群体的首领还在时，这种事情很少发生，因为一旦一个雌性认定了一个雄性很有力量，就会一辈子跟着它。

大约一半以上的雄性都会在青春期离开自己出生的群体。它们单独行动或者跟着其他的群体，有些时候会持续几年，直到它们从其他的群体内找到了自己的伴侣并建立了自己的一个家庭。一个雄性是留下还是离开它的出生群体，主要取决于群体中雌性的数量以及首领的统治力。如果雄性首领正值壮年，而且群体也很小，那么从属的雄性就很难再找到配偶，于是它就会离开。如果雄性首领已经老了，雌性的数量也很多，从属的雄性就很可能留下来。一只雄性到底拥有多少雌性，现在还不是很清楚，这可能要等到父子关系的 DNA 结果出来才能知道。虽然有半数的雄性会离开出生的群体，但在东非和西非，有 1/3 多一点的群体会包含 2 只雄性大猩猩。

雄性很明显是通过展示它们的战斗力量来引诱雌性离开它们的家庭群体的。单身的雄性似乎会为了得到雌性而比已经建立家庭的首领更加卖力，因此，它们对同伴的威胁也更大。当两只雄性相遇的时候，它们会精心"导演"一场展示它们力量的表演，人们可以看到著名的捶胸动作，相互吼叫，咆哮，撕扯树叶，而所有的这一切都是用来恐吓竞争者的。

很明显，一旦一只雄性建立起一个家庭，它们将一生都待在这个家庭里。有些雄性有永久的固定伴侣，而有些则没有，所以雄性对雌性的争夺是非常激烈的。群体的领袖和单身雄性之间的战斗很可能会导致一方死亡——通常为单身的雄性。这种战斗的频繁程度和大猩猩的密度以及单身大猩猩的数量有关。一只成年雄性一生至少会遇到一次致命的战斗，而它们每年都会战斗一次。很明显，大个子在战斗中占有很大的优势，而且在"表演赛"中也能领先于其他的同类。雄性之间的战斗很可能是导致出现体型、犬齿大小和咀嚼肌等方面的性别二态性的原因之一。在这一方面，大猩猩和其他"一雄多雌制"的哺乳动物是一致的。巨大而凶猛的雄性能够获得比小型而温驯的雄性更多的雌性。大猩猩是所有灵长类中性别二态性最明显的，雄性的块头大约是雌性的两倍多（而且颜色也不一样）。

来自人类的威胁

大猩猩如今在野外幸存的数量无法通过数量普查精确获悉，但可以通过对平均密度的合理评估和残余栖息地的数量来进行估计。已有的估算（1996 年）表明，至少还有 11.2 万只西部大猩猩，超过 1 万只的东部低地大猩猩，但仅有几百只山地大猩猩和克罗斯河大猩猩。总的来说，世界上的大猩猩数量在 12.5

万只左右。在拥有大片森林和人口数量很低并增长缓慢的加蓬和刚果（金），那里生活着世界上3/4的西部大猩猩（每个国家有超过4万只），约占整个大猩猩总量的2/3。

在大猩猩的分布范围内，人们为了木材和耕地，正在砍伐它们赖以生存的森林。在以前，森林砍伐不是一个突出的问题，因为那时的人口密度很低，人们可以实施移动性的农业，而且大量生长着次生林的遗弃土地也能为大猩猩提供充足的食物。然而在20世纪的后半叶，在大猩猩生活的地区内人口迅速增长，达到了以前的3~4倍。随着人口的增长，人类对农业用地的使用也变成永久性的了。

另一个威胁来自于狩猎。在西非，由于和家禽的肉比起来，人们更喜欢野生动物的肉，因此对野味的需求也是导致每年大量野生动物死亡的原因之一，其中就包括几百只大猿。虽然拥有野生大猩猩种群的9个非洲国家都制定了控制猎杀和捕捉大猩猩的法律，但和世界上任何地方一样，这些法律是很难被贯彻实施的。

按照这样的森林破坏的速度和人口增长速度，150年后我们就只能在国家公园里看到大猩猩了。然而还是存在希望的，比如在饱受战火侵扰的刚果（金）、乌干达和卢旺达，山地大猩猩的数量几十年来一直保持在几百只左右，更值得庆幸的是，贫穷的非洲国家反而比富有的西方国家更加努力地保护自然遗产。

在所有还生活着大猩猩的国家，政府很难抽出大量的资金建立一个很好的保护机制，因为还有其他更加紧迫的事情要做。然而大猩猩对旅游者的吸引力有可能成为拯救它们的优势，或许来自游客的收入能够阻止当地的居民侵犯大猩猩和它们的栖息地，并最终促使当地的居民学会估算大猩猩和它们所居住的森林给他们带来的利益。因此，为环保教育计划和旅游业的发展建立基金是至关重要的，特别是在农业比旅游业能获得更有保障的收入或收益相近的地区。

然而，这些措施更像是一种孤注一掷的防卫性战斗。从长远看，大猩猩和它的人类邻居的安康必须依赖于阻止对非洲森林的持续性跨国开发，并增加现有农田的生产力。

藏 羚 羊

藏羚羊又叫藏羚、长角羊，生活在中国青藏高原（西藏、青海和新疆），有少量分布在印度拉达克地区。成年雄性藏羚羊脸部呈黑色，腿上有黑色标记，头上长有竖琴形状的角用于御敌。身高 80 ~ 85 厘米，体重 35 ~ 40 千克。雌性藏羚羊没有角，成年雌性藏羚羊身高约 75 厘米，体重 25 ~ 30 千克。藏羚羊以几十到上千只不等的种群，生活在海拔四五千米的高山草原、草甸和高寒荒漠上。藏羚羊善于奔跑，最高时速可达 80 千米，寿命最长 8 年左右。

藏羚羊的栖息地

藏羚羊生活在青藏高原 88 万平万千米的广袤大地上，在 4000 ~ 5300 米的高原荒漠、高原冻土地带及湖泊沼泽周围栖息着。藏北的羌塘以及青海的可可西里以及新疆阿尔金山一带是令人生畏的"生命禁区"。那里是不毛之地，植被稀疏，只能生长针茅草、苔藓之类的低等植物，而这些正是藏羚羊赖以生存的美味佳肴；那里湖泊虽多，但大多是咸水湖。藏羚羊是那里最美的一道风景，它们优美的体形，刚烈的性格，敏捷的动作，耐高寒、抗缺氧的能力，使它们成为那里最具有典型性的生命。

藏羚羊的迁徙

藏羚羊有季节性迁徙的生态特征。夏天，藏羚羊会沿着固定的路线向北迁徙，生存的地区东西相跨 1600 千米。此行的藏羚羊的产崽地主要在乌兰乌拉湖、卓乃湖、可可西里湖等地，每年 4 月底，雌、雄羚羊开始分群而居，不满 1 岁的公仔也会和母亲分开，到五六月，母羊与它的雌仔迁徙前往产仔地产崽，然后母羚又率幼子原路返回越冬地与雄羊合群，11 ～ 12 月交配，完成一次迁徙过程。有少数种群不迁徙。

长 尾 野 鸡

长尾野鸡又叫地鸡，长尾雉属脊椎动物，鸟纲，雉科，长尾雉是长尾雉属的各种鸟的通称。长尾雉是我国的特产鸟，共有 4 种。其中较为常见的为白冠长尾雉，身体大小近似野鸡，但尾羽极长。雄鸟的尾羽长 1.2 ～ 2.0 米，羽色绚丽。上体棕黄色，有红、白、黑、褐等色斑纹。雌鸟尾羽短，长度仅有雄鸟的 1/3。头和颈部白色，但在两眼间和头顶后方围有 1 道黑圈。

长尾雉主要以松、柏的果实为食。春天一开始就进入繁殖期，此时雄雉之间为争夺配偶经常展开格斗。常见有一二只雌雉与一只雄雉相配。巢很简单，就在草地上的浅窝处，甚至内里很少有铺垫物。每次产卵 7 个左右，卵呈油灰色。目前长尾雉可以人工饲养，每年可产卵 40 ~ 50 枚，并可用人工孵化。

在中国中部及北部的山区为留鸟，终年栖息在海拔 500 ~ 1000 米的山地稀疏阔叶林中，清晨开始活动，晚上在树上过夜。食坚果、浆果和种子。一般不鸣叫，在地面茅草丛中筑简单的巢，产卵育雏。窝有卵 8 ~ 10 枚。雄鸟尾羽中最长的两根，常被选做京剧武将演员头盔上的装饰品。因数量稀少，已被列为国家二级保护动物。其他 3 种长尾雉为白颈长尾雉、黑颈长尾雉和黑长尾雉，由于数量极少，已被列为国家一级保护动物。

长尾雉的活动仅限在海拔 600 ~ 2000 米的高山地区，而不在 300 米以下的地方。栖息地两侧是悬崖陡壁的山谷。它具有一种特殊的飞行本领，当由一棵树飞向另一棵并准备降落时，它可以骤然停止，利用它的长尾作控制，把身体向后一转，依靠尾羽和翅膀抵住空气，一下子平平稳稳地落在树枝上，羽毛丝毫不受任何损伤，真像一名技术高超的"杂技演员"。

蟒　蛇

蟒蛇别名南蛇、金花蟒蛇、印度锦蛇、琴蛇、蚺蛇、王字蛇、埋头蛇、黑斑蟒、金华大蟒等，是一种无毒蛇，体大型，长可达 5 ~ 7 米，最大体重在 50 ~ 60 千克。它的头较窄长，头背有对称排列的大鳞。具唇窝，背部灰黄色、灰褐色、棕褐色或浅黄色，具形似豹斑的大块斑纹，腹肉黄色。蟒蛇是当今世界上较原始的蛇种之一，在其肛门两侧各有一小型爪状痕迹，为退化后肢的残余。

蟒蛇的生态习性

蟒蛇栖于热带、亚热带半山区森林中、坝区或大竹林沟中，营地面或树栖生活。有缠绕性，常用体后攀缠在树干上，也善于游泳。喜热怕冷，夜间活动，行动缓慢。卵生，母蛇有围卵行为，可借肌肉收缩升高体温，有助孵化。以小鹿、小野猪、兔、松鼠和家禽等为食它的胃口很大，一次可吞食与它的体重相等或超过自身体重的动物，如广西梧州外贸仓 1960 年收购一条 10 千克重的蟒蛇，吞食了 15 千克的家猪。它的消化力也很强，除猎获物的兽毛外，都可消化，它饱食后可数月不食。分布于南方各地。

蟒蛇的价值

蟒蛇的体表花纹非常美丽，对称排列成云豹状的大片花斑，斑边周围有黑色或白色斑点。体鳞光滑，背面呈浅黄、灰褐或棕褐色，体后部的斑纹很不规则。它的皮张美观而结实，可制革、鞋、皮包、皮带等，也可制乐器琴膜及鼓膜等。也是爬行馆中受欢迎的观赏动物。现在数量稀少，列为国家一级保护动物，严禁捕捉。

东 方 沙 蟒

东方沙蟒是沙蟒中最漂亮的一种，它们出产于北方，雌性成体较大，可达 1 米。雄性则要小得多，长度不超过 75 厘米。与其他沙蟒不同，它的头部很长，眼位于头两侧，鼻孔位于前部。体小型，仅 400 毫米。体背淡褐色和砖红色，具黑褐色斑纹，腹面近白色，有黑点。栖息于砂土或黄土、黏土地带。卵胎生，除了一些年轻个体以及发情期的雄性外，它们十分活跃，也十分温顺。